藏在耶鲁的
10个成功秘密

方向苹 ◎著

Yale
University

民主与建设出版社
·北京·

©民主与建设出版社，2020

图书在版编目（CIP）数据

藏在耶鲁的10个成功秘密 / 方向苹著. -- 北京：民主与建设出版社，2020.9（2023.3重印）

ISBN 978-7-5139-3174-8

Ⅰ. ①藏… Ⅱ. ①方… Ⅲ. ①成功心理—通俗读物 Ⅳ. ①B848.4-49

中国版本图书馆CIP数据核字（2020）第151947号

藏在耶鲁的10个成功秘密
CANGZAI YELU DE 10 GE CHENGGONG MIMI

著　　者	方向苹
责任编辑	李保华
封面设计	李　一
出版发行	民主与建设出版社有限责任公司
电　　话	（010）59417747　59419778
社　　址	北京市海淀区西三环中路10号望海楼E座7层
邮　　编	100142
印　　刷	三河市金泰源印务有限公司
版　　次	2020年9月第1版
印　　次	2020年9月第1次印刷　2023年3月第2次印刷
开　　本	710毫米×1000毫米　1/16
印　　张	16.5
字　　数	190千字
书　　号	ISBN 978-7-5139-3174-8
定　　价	39.80元

注：如有印、装质量问题。请与出版社联系。

前　言

我们的未来来自哪里？来自每一个努力的今天。我们的未来在哪里？就在努力的路上。

但努力需要方向，成功需要指南。否则走错了路，成功将会遥遥无期。最好的成功指南是什么？我们都在寻找：在历史中寻找，在伟人身上寻找，在成功人士身上寻找。最后发现，最好的成功指南就是让自己具备精英们身上所具备的要素。

但不是每一个人天生就具备精英基因，也不是每一个人都有机会接受精英教育，因为不是每一个人都能够师出名门或有在名校学习和深造的机会。于是我们常常设想：如果我在名校，我能学到什么？如果我出自名校，是否也能够成为精英，从而更容易拥有辉煌的未来？

我无法把每个人都带进名校，但我可以把名校的精神带到每个人的身边，把名校的成功指南与每一个人分享——通过这种方式，我们依然可以吸收到名校学子们所学习到的精髓。

世界各地，名校芸芸，而我为大家精挑细选的是这样一所名校。它成立仅300多年，便从一所规模很小的宗教教派学院发展成为世界一流大学，它的名声令我们向往，它的精神令我们膜拜。这所令人心驰向往的名校就是——

耶鲁大学。

耶鲁大学之耶鲁精神，外延宽泛，内涵深刻，几百年来吸引着我们、激励着我们、鼓舞着我们。人们梦想一夜之间悉数学会并引为己用，可以像耶鲁一样优秀、一样成功、一样能永远立于不败之巅！

今天，就让我们走进耶鲁，聆听耶鲁教授们的教诲，了解耶鲁人是如何拥有信仰、坚定信念、大胆探索的，看看耶鲁大学是如何从一所名不见经传的普通大学成长为世界名校的。

耶鲁精神并非高高在上，它也是很接地气的生活指南；耶鲁精神并非只适用于耶鲁的精英学子们，它同样适用于普通人，而普通人只要得到适当的指引，也可以成长为精英。于是，我们会清晰意识到——"你要的未来，就在你努力的路上"就不只是一句口号，而会变为触手可及的现实。

不过，在此我要提醒读者的是，这本书固然能够令人醍醐灌顶，但它不是治疗精神疲软的灵丹妙药，它只是您人生路上的导师。在这位导师的指引下，您犹如亲临耶鲁校园一般，接受耶鲁教授的谆谆教诲。您会惊喜地发现，自己已稳健而又快步地踏上了追逐梦想的路途。

想象一下，此刻，渴望成功的您，正坐在耶鲁的课堂上，和众多渴望拥有灿烂明天的学子们一起，翻开此书……

目 录

第一章 拥有信仰，生命就充满勇气和力量

002 没有信仰，人就犹如没有灵魂

005 心存美好，眼睛就会折射出光芒

008 黑夜越漫长，明天的太阳就越灿烂

011 朴素的真理，召唤我们不断前行

015 心中的希望，就是照亮明天的光束

019 理想即使没有实现，也一样有价值

023 追求理想的脚步，什么时候开始都不晚

026 坚持信仰，才能拥有与众不同的人生

第二章 坚定信念，才有机会与理想握手

030 实现梦想没有捷径，无非是坚定自己的信念

033 越挫越勇，坎坷不过是梦想的加速器

036 努力的程度，决定你人生的高度

039 跌倒了，要学会自己站起来

042 经过苦难摔打的人，往往拥有坚强的内心

046 命运会给执著的人留有余地
049 只有前行，路才会不断延伸
052 自强不息，成为一个生命力顽强的斗士

第三章　大胆探索，让生命开出意想不到的花朵

056 积极探索，人生就是摸着石头过河
059 不要让别人的意见束缚了自己的脚步
062 保持本色，没有自我的人会沦为平庸者
066 细心观察生活，就会发现命运的契机
070 忘我的投入，才会把你带入成功的境地
074 十五的月亮十六圆，要想收获先种田
077 走自己想走的路，你的人生你做主
080 不走寻常路，拥有别样人生
083 人生不怕走错，就怕却步

第四章　脚踏实地，一步一个脚印方能厚积薄发

088 脚踏实地，不要"飘着"生活
092 浮躁会让你找不到人生的方向
096 务实一点，把小事做好者才能成大事
100 再伟大的理想，也要一步步实现
104 不要急于求成，十年才能磨一剑
108 想要厚积薄发，勤奋是唯一的途径
112 想要有所成就的人，永远不会说没时间

第五章 "敢于怀疑、接受质疑"者，更能够与时俱进

116 怀疑不仅是对过去的否定，更是对未知的探索
120 能接受质疑和批评的人才有进步的空间
123 敢于"否定自我"，时刻不忘塑造全新的自己
126 勇于面对批评，但不要在别人的质疑中退缩
129 不断创新，才能不断刷新自己的实力
133 创造力，将决定你是伟大还是平庸
136 开拓创新，会让你在绝处逢生
140 开拓创新，永远制胜的武器

第六章 追求卓越，你的境界决定你的高度

144 你有什么样的境界，就能达到什么样的高度
148 最高的境界，就是成为最好的自己
152 平庸之辈也要敢于追求不平庸的人生
155 问问自己：我将来想成为什么样的人？
158 不做别人第二，只做自己第一
161 有远大志向的人永远不惧打击
164 感谢对手给了我们追求卓越的动力
167 梦想需要自己去实现，而非别人给予
170 准确清晰的目标，会助你走向卓越

第七章 虚心包容，方显胸怀与气度

174 兼容并包，才能博大精深

177 心如空杯，方能容纳一切
180 独善其身会令你活得狭隘
184 能屈能伸的人都有宽广的胸怀
187 宽容的人，说话不会咄咄逼人
190 宽容他人，让彼此的心灵得到解脱

第八章 心系责任，越懂感恩的人越幸福

194 人可以缺乏能力，但不能没有责任
197 感恩，为彼此的生命架起一座桥梁
200 感恩世界，追求更高意境的人生
204 奉献精神，决定一个人的真正价值
207 责任意识，时刻铭记在心
211 功成名就的人更应该具有责任心
214 修炼感恩之心，一生与幸福结缘

第九章 坚持传统，人要有所为有所不为

220 理智对待，传统并不等同于守旧和落后
223 坚定立场，好的传统必须坚持
226 坚持传统但不能故步自封
229 坚持传统与与时俱进并不矛盾
232 保持清醒的头脑，有所为有所不为

第十章　追求知识与人文，大智慧才有大格局

236　知识这座"金字塔"，值得我们终生追求

239　"知识改变命运！"这句话永远不会过时

242　不断更新知识，才能永远不落后于时代

245　人文气息，使人更有魅力

248　科技时代，更需要人文精神

251　坚持人文，摒弃一味实用的功利作风

第一章

拥有信仰，生命就充满勇气和力量

"永逐光明，追求真理"，这是耶鲁大学的信仰，这个信仰对耶鲁大学何其重要——它指引着耶鲁大学的方向，带给耶鲁大学以力量，支撑起耶鲁大学的灵魂。信仰决定耶鲁大学的命运，它使耶鲁大学永远奔腾在澎湃的路上。

对于我们每个人来说，信仰就是希望。生命之所以生生不息，就在于人心中怀有希望。这种希望是对光明的向往、对真理的追求、对美好的希冀。有了希望，柔弱的生命就充满了勇气和力量，这种力量使我们能冲破黎明前漫长的黑暗，迎来生机勃勃的明天！

因此，永远不丢弃自己的信仰，就永远不会失去心中的希望，信仰将会使我们的人生闪闪发亮！

没有信仰，人就犹如没有灵魂

信仰究竟有多么重要？耶鲁大学用它曲折、辉煌的发展史为我们回答了这个问题。短短300余年间，耶鲁大学就从一所规模很小的宗教教派学院发展成为世界一流大学，这与它拥有的信仰不无关系。在克莱普校长设计的耶鲁大学的校徽上，写着一句拉丁文——"光明与真理"。

如今，耶鲁大学已历经300年的风风雨雨，焕发出幽远的光芒，这几个字仍然是耶鲁人的不变追求，是信仰给了耶鲁人清晰而又准确的发展方向！

那么，耶鲁的信仰到底是什么？就是——"永逐光明，追求真理"！在这八个字的指引下，耶鲁人克服了种种困难，创造了种种奇迹，最重要的是，形成了独有的耶鲁精神。

可见，信仰对人类的重要性。用一句话来说，有信仰才会有所追求！

对一个人来说，信仰是什么？信仰就是人的灵魂，没有灵魂的人犹如行尸走兽。而对一所大学来说，也同样需要灵魂。对于这一点，美国学者威廉·布朗曾经说过这样的话："大学也像人一样，不是被生产制造出来的，它们是有灵魂和躯体且不断生长的鲜活生命体。"由此看来，信仰为大学注入了新鲜的血液，赋予了大学跳动的生命，让这所大学因此不断奔腾向前。

而没有信仰，人又会如何？当然就会失去了方向，不知道自己该追求什么。看看我们生活中的某些人，为什么会活得如此黯淡、没有动力、没有目标、病恹恹地随波逐流，飘到哪儿算哪儿，正是因为他们心中没有信仰。

希伯来是一位美国黑人。黑人在美国的地位很低，因此，很少进入高层政界，但希伯来却担任了美国纽约州的黑人州长。

他为什么能做到这一步？这要从希伯来困苦的成长环境说起……

希伯来成长于一个环境恶劣的贫民窟，那里充满暴力，聚集着众多的无家可归者。他所在的学校条件很差，同学们打架斗殴、逃课、四处滋生是非。希伯来开始也和同学们一样每天只是浑浑噩噩的混日子。这一切都让校长罗尔非常担忧，他想出了各种办法来引导、感化他们，但都没用。后来他注意到学生们都很相信占卜，于是他想到了一个办法。

这一天，校长叫住了正在校园里玩耍的希伯来，说："我来给你看看手相。"

希伯来把自己脏兮兮的小手伸给校长，校长认真地看了好久，啧啧赞叹道："太厉害了，太不可思议了，你将来会是纽约州的州长，你修长的拇指预示着你将要成为政要人物。"

"纽约州的州长？"希伯来对此难以置信，他摇摇头说："我不相信！"

校长接着说："你想不想改变自己的命运？你想不想改变美国黑人的现状？你想不想为全体美国人民服务？"

"想！"希伯来坚定且大声地说。

"那就相信我说的话吧，你将会成为纽约州的州长，只要你有改变命运、服务社会的信仰！"

校长的话感染了希伯来。从此后，他不再浑浑噩噩了，因为，他有了信仰。

在信仰的指引下，希伯来的行为发生了很大改变：说话做事有了绅士风度，注重个人卫生，讲话不再粗俗，处处注意文明，并想办法感染身边的人。在此后的几十年中，他时时这样要求自己。数十年后，他的努力终于有了回报：在他51岁时，他真的成了一名州长。他没有忘记自己的信仰，他兢兢业业地为美国黑人、美国人民服务，由此受到了美国人民的拥戴。

希伯来由此感概道："感谢罗尔校长，没有他的启发，我不知道自己的信仰是什么，没有信仰的指引，我不知道自己的方向。有了信仰，我才有了追求，有了现在的幸福。"

这，就是信仰的力量。信仰究竟有多大的力量？它把一个没有目标、没有希望、没有明天的小混混了变成了一个能够服务于他人的美国州长。对一个人来说，信仰的力量如此之大，对一个学校来说，更是如此。耶鲁大学在"永逐光明，追求真理"的信仰指引下，艰苦奋斗、百折不挠、坚忍不拔、持之以恒、勇攀教育高峰。耶鲁大学的发展轨迹正显示出耶鲁人对"光明和真理"的不懈追求。

300年间，耶鲁大学能够稳固、健康、持续地发展，并成为世界一流大学，正说明信仰决定了耶鲁大学的命运。而对个人来说也是如此，信仰往往决定着我们的人生。有信仰，我们才会有精神支柱，才知道自己要做什么，要成为什么样的人，要拥有一个什么样的人生；有信仰，人才不会活得那么自我、那么狭隘、那么软弱。

信仰能帮助你向一个更好的"我"迈进。信仰能帮你成就一个更宽阔、更有深度的人生。信仰就是一个人灵魂的体现。因此，树立自己的信仰吧，像耶鲁人一样，听从信仰的召唤，克服重重磨难，不断向前去实现自己心中的信仰。

心存美好，眼睛就会折射出光芒

有一句话是这么说的：世界上不缺少美，而是缺少发现美的眼睛。为什么不能发现美呢？因为缺少欣赏美的心灵。眼睛是心灵的窗户，心中没有美好的念想，眼睛便无法折射耀眼的光芒。没有光芒的照射，原本光明的世界也会变得黯然无光。

所以，很多时候我们说这个世界缺少美好，不够光明，是因为我们的心灵缺少美好，我们的心灵不够光明。

耶鲁大学的校训之一便是"光明"，并把这样的校训刻在校徽上，别在每一个耶鲁学子的胸口，让他们永远铭记。耶鲁大学为什么把"光明"当做校训？是因为他们坚信人间是光明的，人间充满了美好和希望。但追求到光明的前提是什么？是人心首先要心存美好和光明。用光明的心灵去看待这个世界，这个世界一定是光明的。

因此，"永逐光明"不仅是耶鲁大学对这个世界的向往，更是耶鲁学子们对自己内心的要求。一位耶鲁大学的毕业生正是这种信仰的践行者。

你一定都听过这样一首歌："冲破大风雪，我们坐在雪橇上，快奔驰过田野，我们欢笑又歌唱，马儿铃声响叮当，令人精神多欢畅，我们今晚滑雪真快乐，把滑雪歌儿唱。叮叮当，叮叮当，铃儿响叮当……"这首歌的创作者就是耶鲁大学的毕业生约翰·皮尔彭特。

这首歌从词到曲都充满了欢快、祥和和向上的节奏，你一定会想，这首歌的作者皮尔彭特一定有着非常顺利、快乐、幸福的生活，不然他怎么会写出这样美好的歌词和旋律。现在就让我们来了解皮尔彭特的一生吧。

约翰·皮尔彭特从耶鲁大学毕业后成为了一名教师，这个职业看上去既体面又有前途，他的将来似乎也充满了希望。然而命运并没有按他希望的那个样子去发展，皮尔彭特对学生过于宽容，当时保守的教育界并不认同他的教学方法，很快他就被挤出了教育界。

但皮尔彭特对此并不在意，仍然相信，世间充满了美好和光明。

不久后，他成为了一名律师，他在为维护法律的公正做着努力。但皮尔彭特似乎一点都不懂得当时的"行业规则"——谁有钱就为谁服务，而是爱憎分明，不惜得罪权贵，一心只为好人、穷人谋福利。这样的他仍然不被律师界所接纳，皮尔彭特只好又离开了律师界。

接着，他又成为了一名纺织品推销商。然而，他并没有从过去的挫折中吸取教训，依然不懂得"人情世故"，不懂得圆滑地去谈判，所以在竞争中总让对手占便宜。于是，他只好再次改行当了牧师。然而，他又因为支持禁酒和反对奴隶制而得罪了教区信徒，结果又被迫辞职了。

皮尔彭特就这样度过了他的一生，81岁时他去世了。在他的一生中，他几乎一事无成。看到这里，也许你会感叹：皮尔彭特多么失败啊！他一定会感叹命运的不公、怨恨世间的不美好、觉得人间充满了黑暗。然而，皮尔彭特用歌声回答了人们对他的疑问：叮叮当，叮叮当，铃儿响叮当……一个风雪弥漫的冬夜，一群年轻的朋友坐在雪橇上，听着清脆的铃铛声，一路欢笑歌唱……

你能从这首歌中获得哪些正能量呢？你一定会觉得生活充满了希望和光

明。一路历经挫折的皮尔彭特为什么能写出这样充满了正能量的歌曲呢？正是因为在他的心中充满了美好。一个心存美好的人，不光自己能感受到世间的光明，也能给这个世界创造出更多的光明。

这就是耶鲁精神——"永逐光明"的作用。即便皮尔彭特已经从耶鲁大学毕业了，耶鲁精神仍然影响着他、激励着他、感染着他。在人生的任何时刻，他都铭记着耶鲁精神，践行着耶鲁精神，并把耶鲁精神当做他人生的准则。

所以，在这种精神的感召下，个人的失意算什么？而放弃自己的信仰，不再相信这个世界是美好的，屈服于世界黑暗的一面，则是他永远无法做到的。

而现在的社会中，有多少人拥有皮尔彭特这样的美好心灵，他们往往看到的更多是生活中负面、阴暗的事物。他们无力改变，只好明哲保身或同流合污，用这样的方式来蒙蔽他们的双眼，再也看不到这个世界美好的一面，更不相信人间有光明。所以，他们也只能生活在"黑暗"中，难以体会到真正的快乐和幸福。

所以，要看到和拥有世间的光明，应该呼唤自己的内心——让自己的内心先变得美好起来吧！

因为，心存美好，人间就有光明！

黑夜越漫长,明天的太阳就越灿烂

"永逐光明"中的光明是什么?光明应该是公平、公正、正义、健康、阳光等。光明既存在于外部世界,也存在于我们的内心;光明可以是明天的希望,是清晰的目标,是美好的愿景。总之,光明是我们渴望要达到的一个境界。它就像明天的太阳,在升起的那一刻,灿烂的光芒会照亮整个天空!

这样的一幅景象怎能不吸引我们去追求呢?所以,"永逐光明"就成了耶鲁大学的精神之一。从耶鲁大学的发展历程上看,耶鲁人始终秉承着这样的信仰,把耶鲁大学塑造成了一个具有光荣使命的一流大学。而耶鲁学子不管是在校期间还是毕业离校后,都铭记着耶鲁大学的校训,把追求光明和真理当成终生信仰,并身体力行去实现着这种信仰。

就像皮尔彭特一样,在追求光明的过程中会遇到种种挫折,甚至到生命的尽头都没能达到他理想中的光明境界。但是,他放弃了吗?没有!退缩了吗?没有!怀疑过自己的信仰吗?更没有!更可贵的是,他从来就没有抱怨过自己的遭遇,反而坚信这世间一定有光明。皮尔彭特为什么会笃信这一点?那是因为他知道——到达光明之前总要经过一段黑暗历程。

这个道理就像"黎明到来之前总要经过黑夜"一样简单。没有长长的黑夜,就不可能有明天的曙光。黑夜越是漫长,你越会觉得明天的太阳灿烂,而你也会由此感到格外地快乐和幸福。

但是，到达光明之前的这一段黑暗却是痛苦难捱的，你能捱下去吗？

肯德基作为美国超大型跨国连锁餐厅，是我们非常熟悉的快餐店。然而，其却是哈伦德·山德88岁时才开始创办的。

88岁，谁还会在这个年龄开创事业？谁还相信在这个年龄开创事业能取得成功？而哈伦德又为什么到这个年龄才创办肯德基？之前的日子他又在做什么呢？这，还要从"肯德基爷爷"的童年开始说起……

肯德基爷爷5岁时，父亲在一次意外中离开了人世，而母亲在不久之后也改嫁了他人。十三岁的哈伦德不得不辍学四处流浪。干净漂亮的衣服，他只看过没穿过；可口的饭菜，他闻过却从没有品尝过；舒适的床榻，他梦想过但从来没有睡过。他过的是这样的日子——在餐厅洗碗、在汽修店洗车、到农场挤羊奶……

16岁时的他，实在无法活下去了，只好谎报年龄来到部队。军队生活虽枯燥无味，却锻炼了他的身体和意志。退役之后，他开了一个简陋的铁匠铺，但生意不好，不久之后便关门大吉了。

他的生活再一次陷入了困境，不得已又去打工，在铁路上当司炉工。这次他的运气不错，从临时工变成了正式工。哈伦德高兴极了，他再也不用漂泊了。但是厄运又一次"光顾"了他，因为经济大萧条，他失业了。他的厄运还没有完，妻子也离开了他。他感到倒霉透了，但是他仍然没有放弃对生活的希望。他开始四处寻找工作：推销员、码头工人、厨师……，找到什么就干什么，不管一份工作干多久，他从没停下自己的脚步。后来，他又再次尝试开加油站或经营小生意，却都以失败告终。

这时，他的朋友也不再对他报什么希望了，对他说："你别再折腾了，认命吧，你已经老了，不可能再成功了。"

可哈伦德却不这么认为，他说："我已经走过了长长一段黑暗，也许明天就会迎来光明，最痛苦的时期都熬过去了，为什么不再坚持一段时间呢！"

有一天，邮递员给他送来一张保险支票，他用这张保险支票创办了一家餐厅，就是今天闻名全球的肯德基快餐店。终于，在他88岁时，迎来了他事业的顶峰。他终于穿越了长长的黑暗，到达了光明之巅。

肯德基爷爷追求光明的路走得好艰难，几乎用尽了一生，但在自己人生的末年终于走到了光明之巅。也许在很多人看来，哪还有什么希望，就算走到了山脚下，也没有力气去攀爬了。

这就是成功人士和我们的区别：他们不惧黑暗，他们相信光明就在前方，因此，他们最终才能追寻到光明。

这就像耶鲁大学一样，在办学的过程中绝不是一帆风顺的：外界的质疑，竞争对手的超越，寻求突破所遇到的种种障碍，包括耶鲁学子们在求学的过程中、在走上社会为事业打拼的过程中、在自己的生活中，都会遇到各种各样的坎坷，但这些坎坷并没有让他们后退半步。他们仍然是一步一步地往前走，纵然走得吃力，纵然走得缓慢，纵然如履薄冰，但他们仍未停下脚步，这是因为他们心里始终怀揣着这样一个信仰——光明就在前方，追求光明是他们永恒的使命。

如果我们能和耶鲁人一样有这种精神，我们就不会在黑暗中徘徊、彷徨，更不会怀疑自己，认为自己"可能永远也走不出黑暗了。"而是会坚信"黑暗再漫长都只是暂时的，光明再渺茫终将会到来"！

朴素的真理，召唤我们不断前行

法国浪漫主义作家雨果说："坚持真理的人是伟大的。"

波兰天文学家哥白尼说："人的天职在于勇于探索真理。"

意大利"科学之父"伽利略说："真理不在蒙满灰尘的权威著作中，而是在宇宙、自然界这部伟大的无字书中。"

……

从上述名人名言中，我们看到了众多文学家和科学家对真理的向往和坚持。他们之所以能成为举世瞩目的文学家和科学家，与他们信奉真理、追求真理密切相关。这同耶鲁大学的信仰一样，耶鲁人同样把追求真理当做他们不变的追求。在真理的召唤下，耶鲁大学培养出了众多的科学家，如诺贝尔奖的获得者细胞生物学家乔治·柏拉德、化学家拉斯·昂萨格、物理学家默里·盖尔曼、微生物学家约翰·恩德斯、遗传学家乔舒亚·莱德伯格等。

真理是一种客观存在，想要探求到真理，首先应该相信真理的存在，其次应该坚韧不拔地去探求真理。在探求真理的过程中一定会遇到很多困难和挫折，有一些人被困难拦住了去路，中途折返。但更多的人还在与困难搏斗，想尽一切办法、做出种种努力艰难前行。为什么他们能够如此执著？因为他们对真理的信仰更加坚定，他们从未怀疑真理的存在，其内心的动力来自于真理的呼唤。

对我们普通人来说，科学家追求的真理离我们的现实生活有点远，但在我们平凡的生活中，真理同样存在：真善美是真理，社会的公平正义是真理，纯真的爱情是真理……在现实生活中，我们看到许多人做着令我们感动的事情：有些人把自己的青春热血洒在了贫困山区的课堂里；有些人在面对社会的不公和阴暗时果断地出手；有些人在他人把爱情和物质划上等号时还在坚持简单而又质朴的爱情……因为他们相信人间有真理，真理在呼唤他们，召唤他们为真理而前行。

有这样一位伟大的科学家，他用他的一生向我们诠释了自己对真理的执著追求。

1642年1月8日，一位老人停止了呼吸。他拥有伟大的一生，为真理而生的一生，他用毕生的努力捍卫了真理的存在。这位老人就是意大利天文学家伽利略。

伽利略是位科学态度十分严谨的科学家，他通过观测和研究，认识到哥白尼的太阳中心说是正确的，于是，他开始公开支持哥白尼的学说。伽利略的言行动摇了神权的统治，罗马教廷警告伽利略，不许再支持和宣扬哥白尼的学说，否则就把他召到罗马进行审讯。

在教会的威胁下，伽利略被迫做出了放弃哥白尼学说的声明。但他的内心极度痛苦，因为放弃真理，是一个科学家对良心的背叛。伽利略在这种心情中度过了好几年，但他并没有放弃对哥白尼学说的研究。几年后，饱受病魔摧残的伽利略，出版了他的著作《关于两种世界体系的对话》。

在这本书里，依然能看出伽利略在宣扬哥白尼的学说，这让教会非常恐慌。

1632年8月，罗马宗教裁判所下令禁止出售此书，同年10月，宗教裁判所要他去罗马接受审讯。69岁的伽利略抱病来到罗马，他被关进了宗教裁判所的监狱。在法庭上，那些满脸杀机的教会法官们，用火刑威胁伽利略放弃自己的信仰。在审讯和刑法的折磨下，伽利略被迫在判决书上签了字。但伽利略知道，真理是不可能被暴力扑灭的。

1637年，身在监狱里的伽利略双目失明，他唯一的亲人女儿玛俐亚也离开了人间，这对他是致命的打击。但即使这样，他仍旧没有放弃对真理的追求和坚持。虽然他的眼睛看不到了，但他的内心永远能感受到真理的召唤，他仍旧利用一切机会宣扬哥白尼的学说，一直到他死去的那一天。

伽利略用他的一生向我们诠释了这样的道理：科学家的良心就是追随真理，真理是永远不会被抹杀的。伽利略在生命受到威胁时仍然没有放弃对真理的追求和坚持，因为真理给了他力量和勇气，在他的心中，真理犹如前方的灯塔，在召唤他不断前行。

这或许就是耶鲁大学把"追求真理"当做自己校训的原因吧。只有敢于追求真理的人才是具有科学精神和探索精神的人，而具有这两种精神的人才能不断进步，不断为社会创造财富，不断为人类做出贡献。耶鲁大学在这种精神的指引下，没有人云亦云，没有随波逐流，没有向许多看似正确的理论妥协，这也是耶鲁大学对真理的坚持。

我们这些生活中的平凡人，既不是科学家，也无法成为多么有成就的人物，但我们仍然可以怀有坚持真理的态度，例如不要轻易相信他人或书本上的理论，用自己的生活实践去验证什么是正确的、什么是错误的。真理一定来自于实践中，而不是来自于人们的臆想。陆游有诗云："纸上得来终觉浅，绝知此事要躬行。"就是告诉我们：要想获得真理，一定要身体力行地去感受，用自己的人生经验去回答自己对"真理"的叩问。具有这种生活态度的人，才能不断成长、不断进步、不断前进。

心中的希望，就是照亮明天的光束

　　漆黑的夜晚，如果没有月光，我们是不是特别惧怕黑夜，因脚下惶恐而不敢轻易迈出脚步？而有了明月的照亮，我们便觉得夜晚的路不再难行，甚至非常享受月夜下行进的路途，对明天也有了更多的憧憬与期待。

　　这就像我们人生的历程。在每个人的人生旅途中，一定也会有若干段漆黑的路——人生的低潮期。为什么有人无法走出人生的低潮，而有些人纵然兜兜转转、百转千回，最终能走出低谷，迎来人生的颠峰？在这一过程中，他们还看到了许多风景，收获了颇多感悟。为什么这些人可以做到这样？

　　原因很简单，他们心中有一轮明月，这轮明月给了他们光亮，照亮了他们前行的路。

　　在人们心中，这轮明月是什么？是上天给予我们的希望，这份希望让我们在黑夜中对明天充满了希冀。而有了希冀，才有勇气和力量度过漫长的黑夜，迎来人生的曙光。

　　所以，在遇到困境和磨难时，心中的希望就是天上的那轮明月，它照亮了通往明天的路。

　　耶鲁大学的学子们心中明白这个道理，所以，他们在求学和人生的路上，始终怀揣对未来的希望，不惧困难与挫折，不畏艰难与险阻，一路披荆斩棘，勇往直前,直至抵达光明的未来。

下面这封信,是作家罗拉写给一位女囚犯的一封信。

亲爱的艾希:

你好!我是罗拉。接到你的信已经好几天了,我的心久久不能平静。你在信中说,失去自由你感到非常痛苦,你感到你的人生从此一片黑暗。我非常理解你的心情。

因为我也曾和你一样失去过自由。30岁那一年,有一天我从手术台上醒来,发现自己再也站不起来了,我无法相信这个事实。想到自己再也不能登山、跑步、跳舞……我感到生不如死,我觉得自己失去了一切。

和你一样,我觉得生命从此一片黑暗。就这样,在绝望的心情下我度过了一天又一天。在这段时间内,家人、朋友始终陪在我身边,他们对我不离不弃,照顾我的饮食起居,而且不断地鼓舞我重燃起对生活的信心。渐渐地,我开始重新思考人生:失去了行走的自由我还有灵魂的自由,不能走路但我还可以思考,于是我振作起来,开始尝试写作,并积极地和人交往。

乐观的生活态度,让我又一次焕发了生机。我在写作上渐渐取得了一些成就,被监狱请去做演讲,鼓舞这些失足的朋友们重燃生命的热情。

艾希,你虽然暂时失去了自由,但你的人生并非从此就是一片黑暗。你还有健康的身体,还有自由的灵魂,只要你不失去对明天的希望,你的生命就依然会充满阳光,而那条光亮的路就在你的心中。因此,艾希,永远不要失去对明天的希望,因为心中的希望就是照亮明天的光束。

艾希,希望你和我一样早日走出生命的低潮。

人靠什么活着?有人说,靠呼吸。有了呼吸,生命才能跳动。没错,有了呼吸,我们的肉体凡胎才能被赋予鲜活的生命力。但仅仅有了呼吸就够了吗?不,远远不够。如果我们失去了对生命的热情和对明天的希望,即使肉体活着，生命也会暗淡无光，甚至会觉得度日如年、苦不堪言。因此，仅仅靠呼吸，人是无法有意义地"活着"的，唯有心中有希望的人，才能真正活出自我价值。

尤其是在人生遭遇重大挫折时，失去了希望，人就犹如掉入了无底黑洞，从此一蹶不振，再也没有跳出来的勇气。希望是如此的重要，在恶劣环境中，它能带给人们信心、勇气和力量，它能让人们从困境中振作起来。罗拉就是这样的一个人——纵然有过短暂的沉沦，但最终还是重新燃起了对生活的希望，达到了人生旅途的另一种高度。

耶鲁大学的校训"永逐光明，追求真理"其实告诉我们：永远不要失去希望，用心中的希望去照亮眼前的坦途。耶鲁大学在办学的过程中也遇到过很多坎坷，其"坚持传统，脚踏实地"的办学方针几遭质疑，其"自主探索，自由表达"的治学方法几遭阻拦，但耶鲁大学始终秉承"永逐光明，追求真理"的信仰，始终没有失去对耶鲁大学美好未来的希望，用希望给予自己的能量不断地去克服困难，超越自我，创造卓越。

因此可以这么说，不管对耶鲁大学还是对于我们个人来说，心中的希望就是照亮明天的光束，永远不要失去对生活的希望，只要心中有希望，就会有灿烂的明天和未来！

但是，希望不是凭空而来的，而是自己给予自己的，它需要我们去挖掘、去创造。

首先，要学会给自己积极的心理暗示。要相信心理暗示的作用——积极的心理暗示能产生一种正能量，它会转化为一种"积极的情绪"，帮助我们释放出无限的热情和精力，推动我们走出生命的低潮。因此，当我们对生活感觉到疲惫或遭遇挫折时，不妨给自己做这样的心理暗示："只要人活着，一切就有希望。如果失去了希望，未来的路会是一团漆黑，而我们则永远难以走出这段漆黑，生活会更加痛苦难熬。所以，永远不要失去对生活的希望。"

重复的心理暗示能够使我们的潜意识接纳这种观点，进而推动我们走出人生的黑暗，迎来明天的曙光。

其次要相信人生没有绝境。有些人之所以失去了对人生的希望，是因为他们觉得自己处于绝境中。例如罗拉失去了行走的能力，艾希失去了暂时的自由，她们觉得人生走到了绝境，明天不会再有希望。

其实，人生没有绝境。只要人活着，就永远没有绝境。即便有绝境，也只是暂时的，是否可以绝处逢生，就看你的心中是不是还有希望。有了希望，就不会惧怕这短暂的黑夜，而是会借希望这盏"明灯"，抵达光明的未来！

理想即使没有实现，也一样有价值

有谁没有理想？恐怕很少，就像每一所大学都有自己的理想一样。耶鲁大学的理想就是——永逐光明，追求真理，大胆探索，追求卓越。

是的，大部分人都想成为一个卓越的人，这似乎是人的天性。但为什么仍就有许多人没有去追求自己的理想呢？理由很简单：他们觉得不可能实现，他们不愿意为了理想而吃苦受累，更害怕失败的打击，因此，有许多人的理想只是"做梦"。

他们经常在睡前的被窝里一遍遍地在心里告诉自己："有一天我一定要怎么怎么样……明天我一定要开始做什么……"，但是第二天呢，他们发现现实异常残酷，实现理想有诸多坎坷，还是算了吧，还是得过且过比较舒服。

还有一些人的理想只停留在嘴巴上，他们逢人便讲："我想成为什么什么样的人，我想过一种什么样的生活……"可是多年过去了，他们依然没有变化。他们根本就没有为理想去行动过、坚持过、付出过，所以，他们的理想永远无法实现。

当然也有一些人，他们不止敢于做梦，同时还敢于大胆追梦，他们是真正的理想践行者。他们为了理想勇于付出、坚持不懈、不畏艰难、从不放弃，所以他们可以成功地站在了理想之巅！

但也有一些人屡战屡败，屡败屡战……受尽磨难，最终还是没能实现他们的理想。对于这些人很多人会问："他们的坚持和付出有什么价值呢？"这些人觉得他们还不如那些得过且过和说过就算的人，最起码人家没有因为理想而遭罪，更不用承受失败的打击。

难道没有实现的理想就一点价值都没有吗？我们来看看下面这个故事：

英国有一个牧师叫乔治·威尔斯，他有一个伟大的梦想就是发明一台编织机，用这台编织机把人们从繁重的手工编织中解放出来。具体方法是用数百根小针代替一根大针，用许多钩子把环状物提起来置于毛线之上，这样一次就能打一排，从而大大提高效率。

乔治·威尔斯的想法并不是超前的思维，很多年以前北非的牧民们就已开始使用类似的机器了，只是一直没有人提出编织机的概念，但是一些地毯的织工们使用的框架技术和乔治·威尔斯设想的框架相差无几，乔治·威尔斯想法的特别之处在于非常简便的编织动作。

经过几年的不懈努力，乔治·威尔斯终于制造出了第一台手动脚踏编织机，他兴奋地带着机器和用机器编织的羊毛袜到宫廷去谒见伊丽莎白女王，希望自己的发明能得到女王的认可，同时取得编织机的专利权。可是，女王对他的发明根本不感兴趣，而且认为编织机的发明会影响英国的棉花业，还认为羊毛编织的袜子太土气。

为了得到女王的认可，乔治·威尔斯又花费了好几年的时间潜心研究编织机和编制技术，可是，伊丽莎白女王依然不认可他的专利。面对窘境，这时的乔治·威尔斯希望有人能给他投资生产编织机，但是没有人对他的机器有信心。

没办法，乔治·威尔斯只好来到欧洲，一个个地去拜访投资家，想要说服他们兴办机械编织工业。然而，仍然没有人对此感兴趣。十几年之后，乔治·威尔斯在多年奔波、四处碰壁中离开了人世。离开之前，他还在遗憾自己发明的编织机没能发挥出它的价值。

肯定有许多人为乔治·威尔斯感到不值。他们会想：这样历经辛苦和磨难去追求理想有什么意义呢？是的，当你的追求没有取得好的结果时，过程在很多人眼里一文不值。有太多人会因为结果而否定了过程的意义，不管你曾经在这个过程中付出过多少努力。

可难道理想没有实现，追求理想的过程就没有任何意义吗？

我们来看看历史上有多次起义都以失败而终，可是它们却沉重地打击了腐败统治者，推动了历史的发展。我们再来看看这些科学家，哥白尼、布鲁诺、伽利略，他们为宣传"太阳中心学说"付出了一生的心血甚至生命，然而到死他们的理想也未真正实现，可你能够就此说，他们的理想没有任何价值吗？还有我们生活中的很多人，虽然几经努力仍然没有实现自己的梦想，但在这个逐梦的过程中，他们得到了成长、锻炼。由此可见，我们的理想即使没有实现，也仍然很有价值。

我们追求理想，当然是为了理想实现的那一刻，但是我们不能因为理想没有实现而否定理想本身的价值。人有理想，本身就是可贵的，为理想坚持不懈地努力过，更是值得称赞的，因为它给予了我们一种宝贵的奋斗精神，这种精神足以感动我们。

那些没有实现理想的人也许没有得到想要的结果，但是在过程中他们体验到了追梦的快乐，并且他们的研究、创造和发明可为后人所借鉴。更重要的是，他们的奉献让我们看到了勇敢的精神。因此，只要你追求了理想，只要你曾经为你的理想竭尽全力付出过，即使因种种原因，你的理想最终没能实现，但你追求理想的过程也永远具有闪光的价值。

耶鲁大学在办学过程中，也有许多理想没有实现。例如耶鲁大学素有"坚持传统"的办学理念，但这种观念有时却不免显得有些保守，所以其某些理念得到了一些人的制止和阻拦，使得耶鲁大学最终没有实现他们的某些理想，而是调整了他们的办学理念——一边坚持传统一边改革创新。这种新的办学理念得到了许多人的支持，而事实也证明，这种调整后的办学理念更适合于耶鲁的长期发展。所以，耶鲁大学那些没被实现的理想也具有它的价值，因为它为耶鲁大学指明了一条更加正确的方向。

所以，不要因为理想没有实现，就否认了追逐理想的过程价值，更不要因为理想可能不会实现就停下了追逐理想的脚步，而是要像耶鲁人一样，勇敢去追求自己的理想！

追求理想的脚步，什么时候开始都不晚

如果我问你："人生什么时候开始追求自己的理想才是最合适的时候？"恐怕你会说："那肯定不能太晚，不能等到三四十了再去追求吧？理想是青春年华里才有的梦，都一把年纪了还能有什么理想啊？"

如果耶鲁人对待理想的态度也是这样的话，我想恐怕就没有现在这所世界一流的耶鲁大学了。耶鲁大学对待理想的态度是这样的——什么时候都要有理想，什么时候都要追求自己的理想，只有这样才能在人生的不同阶段实现自己的价值。

肯德基爷爷80多岁时才创办"肯德基"，许家印不惑之年才创办"恒大"，姜子牙垂暮之年才辅佐周王。这些事实都说明，理想的开始没有早晚。如果他们也认同："一把年纪了还有什么理想啊！"这样的论调，那还能有他们后来的辉煌成就吗？

因此我们说，追求理想的脚步什么时候开始都不晚！

但为什么有那么多人认同"理想就应该是年轻人的事？"首先是因为他们觉得岁数大的人余生的时间不多，实现理想似乎不太可能了；其次是他们觉得都这个年龄了，不应该再为理想苦苦奋斗，而是应该享受人生了；但我想更重要的原因是，抱有这种观念的人不仅仅在生理上不再年轻，在心理上

他们也老化了。同时，也说明他们本身并不是一个真正有理想的人。因为一个真正有理想的人，是永远不会停下追求理想的脚步的，在他们看来追求理想的脚步什么时候开始都不算晚。

是的，追求理想的脚步什么时候开始都不晚，无论你现在是20岁、30岁，还是40岁、50岁，你都拥有追求理想的权利。余生的时间越少，我们越是要加快追求理想的脚步。一个真正有理想的人，不会给自己寻找任何借口和理由，更不需要别人的催促，甚至不需要别人的鼓励，因为理想就是他们的动力。

周倩已经30多岁了，在一家小公司做着一份还算安稳的工作，待遇不高，工作不累。可她对这样的生活并不满足，她觉得这样的工作实现不了自身价值。

"那什么样的工作才能实现你的价值呢？"朋友问她。

"我心中有一个梦想，此生如果无法实现就太遗憾了。"周倩说。

"什么梦想？"

"写作梦。"

"哦，你小时候就喜欢写作，不过这么多年你都没提起，都以为你放弃了。"

"没放弃，一直放在心里，现在我想去实现它。"

"怎么实现？"

"我想到一家文化公司上班去，做撰稿人。"

"去文化公司上班？你在这干得好好的，你要辞职吗？你要转行？"

"是，我想转行。"

"别逗了，你都30多岁了，别说转行，就是换家公司都得从零开始。"

"30多岁怎么了？30多岁就不能追求自己的理想了？"

"太晚了。现在转行你要从头开始，还不知道会干得怎么样，而你在这个行业已经有多年经验了，丢掉太可惜。"

"不，恰恰相反，不去追求自己的理想才可惜。不管能不能成功，做了才会不留遗憾。我已经错过太多时间了，不想再等待了，我要马上开始追逐我的梦。"

就这样，周倩辞掉了原来的工作，到一家文化公司上了班。她和一帮20多岁的年轻人一样，同样的工作、同样的起点、同样的工资，但她没觉得这样丢面子，反倒觉得终于可以做自己多年来最想做的事，因而内心充满了快乐和正能量！

"追求理想的脚步什么时候开始都不晚"，像周倩一样有理想的人，一定非常认同这句话。因为理想的"蛊惑"作用太大了。你不去追求它，它就永远在你的心里作祟，时刻在提醒你，你还有未完成的理想。因此，任何时候你都放不下它，心兹念兹想要去完成它。哪怕此生你不能实现理想，但只要你尝试过、努力过、奋斗过，就不会留遗憾。

这和耶鲁大学的精神是一致的：永远追求光明，永远不忘记、不放弃自己的理想。不要踌躇现在开始是否还来得及，在你不停地追问和思考是否来得及的时候，时间就会耽误过去。过去的已然过去，赶紧抓住现在的时光，马上踏出追求理想的脚步。只要生命不息，就永远来得及追求理想。

有这么一句话，说"人生随时都可以开始"，其实和"追求理想的脚步什么时候开始都不晚"有异曲同工之妙。所以，不要忘了最初的梦想，哪怕是你童年的一个梦，只要你现在想去追求，依然可以开始；也不要觉得这不是你这个年龄该做的事，哪怕是你50岁了才去考大学，只要你有这个愿望就去努力实现它；也不要因为各种各样的原因阻挡了你追求理想的脚步，想到了就立刻去做，有了新的理想就立刻投入行动，因为在犹豫中你又会失去很多时光。

让我们即刻迈开追求理想的脚步吧，真的，现在开始，不晚！

坚持信仰，才能拥有与众不同的人生

耶鲁大学在建校300年间，从未改变过它的信仰。一直到今天，耶鲁人的言行仍然秉承着他们的信仰：永逐光明，追求真理。是不变的信仰给了耶鲁人明确的方向，使耶鲁人永远走在正确的道路上，没有浪费时间，所以，耶鲁大学才能在短短300年间跻身于世界一流大学的行列。

一所大学有自己的信仰，人也有自己的信仰吗？当然有。社会有社会的信仰，人类有人类的信仰，每个人也有每个人的信仰。也许你的信仰是成为一个诚实善良的人，他的信仰是实现自己的人生价值，也或许另外一个人的信仰是拥有物质财富……这些信仰都没错，人只要有信仰，就不会活得如行尸走兽，没有灵魂。

但是看看这些拥有信仰的人是怎么去实践他们的信仰的？那些当初怀揣诚实善良信仰的人，最终却在卖毒奶粉、瘦肉精、地沟油，他们诚实善良的信仰去哪儿了？那些口口声声要实现自己人生价值的人，却满足于随遇而安、一成不变、随波逐流的生活，难道这就是他们所要的人生价值吗？那些想要赚取更多物质财富的人却终日流连于迪厅、酒吧、游戏厅，在这里他们除了用去大量钱财、浪费大把时间之外，还能得到什么呢？他们的信仰哪儿去了？他们还记得当初的信仰吗？

或许,在他们的内心深处还依稀记得他们的信仰,只是在残酷的现实面前、在强大的诱惑面前、在人类的惰性面前,信仰被他们丢之脑后了。丢弃了信仰,他们就失去了人的灵魂,所以,做什么样的事、成为什么样的人,在他们看来也觉得无所谓了,甚至于会给他人或这个社会带来怎样的后果,他们都不在意了。这,就是丢弃了自己信仰的恶果。

柯晓华在大学里就树立了自己的人生信仰:努力工作,赚很多的钱,让自己过得很好的同时回报社会,帮助那些需要帮助的人,实现自己的人生价值。柯晓华的信仰值得我们为他鼓掌。

大学毕业后,柯晓华投入到了工作中,为实现自己的信仰而努力拼搏。但是工作了一年后,他却发现,现实远远比他想象中残酷,生存远远比他想象中困难,赚钱养活自己尚且不易,想过得好更是难上加难,更别提回报社会、帮助别人了。至于实现自己的人生价值,他觉得当初的口号实在是太大了!

于是,他觉得实现自己的信仰太累了,也许终其一生都未必能实现,不如像别人一样,满足于朝九晚五、一日三餐的温饱生活。这多轻松啊!干嘛给自己那么大压力呢?柯晓华说服了自己,心安理得地把自己的信仰丢到了九霄云外。

几年后,同学聚会上,同学们看到他,纷纷问他:"现在是高管啊,还是老总啊,还是慈善家啊?"

柯晓华羞得脸直红:"什么也不是,就是普通的打工仔。"

"是吗?"同学们都不相信,"记得当初你信誓旦旦地说一定要实现自己的人生价值,现在,你的信仰呢?"

"唉!树立信仰很容易,但实现信仰可难了。我的信仰已经被我抛弃了。"

柯晓华丢弃了自己的信仰。为什么?因为实现信仰太难了,这个过程太艰辛了,因难以承受这个漫长的过程,他丢弃了信仰。是的,树立信仰太容易,而坚持自己的信仰不断努力太难了。因此，有太多太多人像柯晓华一样放弃了自己的信仰。当然也有众多像柯晓华这样的人——事无成、浑浑噩噩、碌碌无为。

为什么成功的人总是少数，卓越的人寥寥无几呢？是因为太多的人在人生路途中丢弃了自己的信仰，只有一少部分人坚持着他们的信仰并最终实现信仰，因此，这一小部分人就拥有了与众不同的人生。他们拥有了更高的人生高度和思想境界，体会到了更多的人生意义，这正是信仰决定人生！

是的，信仰决定人生。这不只是我们体会出来的人生信条，更是耶鲁大学的践行所得。耶鲁大学用它 300 年的发展史告诉我们：没有信仰，不能坚持信仰的人，终将沦为平庸者，无法给人类社会创造更多财富。

我们看看那些流传千古的伟大人物，无不是拥有不变信仰并坚持信仰者，屈原、司马迁、孙中山、哥白尼、伽利略……如果他们在遇到困难与挫折时，也放弃了自己的信仰，那么不但他们的个人命运要改写，恐怕历史的命运都会被改写。

这就是拥有不变信仰的重要性。树立你自己的信仰吧！只要这个信仰有益于你和社会，就不要管别人说什么，更不要因为实现信仰的过程漫长而艰辛就放弃信仰，因为信仰决定人生，拥有信仰者才能拥有与众不同的人生！

第二章

坚定信念，才有机会与理想握手

　　人的一生想有所作为，必定要有坚强的信念。因为在追求理想的路上，会遇到许许多多的困难和坎坷，没有"一往无前，永不言弃"的信念，恐怕很难走到路的尽头，也无法实现理想。因此，坚强的信念是改变我们命运的要素之一。耶鲁大学正是拥有了这样的信念，才在"永逐光明，追求真理"的路上不断前行。耶鲁人认为有了坚强的信念，坎坷不过是梦想的加速器，越是经过困难的摔打，内心越是强大；有了坚强的信念，命运便不会把你的路堵死，你只需在信念的推动下，不断前行，而你脚下的路则会不断延伸……最终，你的命运将会被你坚强的信念所改变！

实现梦想没有捷径，无非是坚定自己的信念

在阐述耶鲁大学的"耶鲁精神"的具体内涵时，有这么一句话："耶鲁大学追求个性化办学和学术自由，主要是指为维护学术的神圣与办学的自主而特立独行，一往无前的精神！"这里就指出了"耶鲁精神"的内涵之一：特立独行，一往无前，永不言弃。

耶鲁大学从成立之日起，就从耶鲁大学的师生身上汲取了生存的力量和拼搏的勇气——一往无前永不言弃这短短的八个字蕴含了怎样坚定的信念！是的，唯有坚定的信念，只有对自己信仰绝对忠诚，才能做到一往无前，永不言弃，而只有用最坚定的信念去实现梦想，梦想才有实现的可能。

没有坚定的信念，耶鲁大学不可能践行"永逐光明，追求真理"的不变信仰；没有坚定的信念，耶鲁大学不会有今天的成就和声名。因此，是信念改变了耶鲁大学的命运。对于我们个人来说也是如此，信念会改变我们的命运。那些披荆斩棘、坚持不懈者站到了人生的制高点，到达了人生的另一番境界；而那些意志不坚、中途折返的人则过着平凡甚至平庸的生活。可见，是否拥有坚定的信念，是人生大相径庭的根源所在。

有一个人用他的亲身经历向我们讲述了一个关于信念的故事。

小时候的威塔格有一个登山梦,可是命运偏偏要考验他对梦想是否执著。1979年,威塔格在一次交通事故中失去了他的右脚和膝盖,所有的人都认为他的登山梦再也不可能实现了。出人意料的是,49岁的威塔格装上假肢后继续登山。

1989年,威塔格到达了珠峰7300米的高度,但是他没能问鼎这座山峰,一场暴风雪把他逼了回去。1995年,他再次攀登珠峰,这次他到达了8382米,但是他的身体没能顶住高山反应。第二次失败后,威塔格对家人说:"我决定再试一次,不登上珠峰我不会放弃!"

1999年初,威塔格第三次冲刺珠峰。这次他遇到了更大的困难:先是缺氧,令他患上了高山病,差点命丧珠峰。然后是时速161公里的狂风劲吹,摧毁了他和朋友们的帐篷及设备。接着气温降至零下96摄氏度,一种感冒状的病毒使掉队的他虚弱得难以前进,基地医生用无线电通知他下山接受治疗。

但威塔格没有听从医生的意见,他想抓住这最后的机会爬上珠峰。他忍着病痛,和他的朋友们在5月27日早晨登上了8848米的巅峰,终于实现了他一生的梦想。

威塔格是凭着什么实现梦想的?答案很明显——是坚定的信念。有太多身体健全的人尚不能做到的事情,一个残疾人却凭着自己坚强的信念做到了。也许,有很多"聪明"的人对此不以为然:"何必拿着自己的生命去冒险呢?"这样说的人永远体会不到登上峰顶的感受,在他们的生活中也无法品尝到成功的滋味,因为梦想是不会垂青一个缺乏坚强信念的人的。

就如同不是每一所大学都能成长为耶鲁那样一流的大学一样,没有坚强信念的人也不会成为卓越的人。只有具有坚强信念才会不惧困难与挫折,才不会因客观条件而退缩。

用坚定的信念去实现你的梦想,世界上没有征服不了的高山。

彼得·克劳斯的父亲患上了严重的眼病。虽然遍访名医，花了很多钱，但父亲的眼疾却没能治好。小小的彼得·克劳斯因此有了一个远大的志向——长大后他要成为最好的医生，让那些像父亲一样的人重见光明。

为了完成这个梦想，他不再贪玩，不再结交乱七八糟的朋友，节省一切时间为梦想努力学习。父亲失明后，他的家庭陷入了贫困，所以彼得·克劳斯在大学毕业后，想放弃继续深造，他想要工作补贴家用。而他的母亲却说："你还有伟大的梦想，如果你不继续深造，怎么可能成为一名出色的医生。不要因为眼前的困境就放弃自己的梦想，实现梦想需要你永不放弃的坚定信念。"

母亲的话鼓舞了彼得·克劳斯，他放弃了可以维持温饱的工作，继续攻读医学专业。几年后，他终于成为了一名医生。数年后，他成为了美国医学界令人惊讶的后起之秀。他不仅改变了自己贫困的家境，而且彻底治好了许多人的眼病。

信念改变命运，用坚定的信念去实现梦想！彼得·克劳斯的故事再次印证了这句话。彼得·克劳斯的故事再次告诉我们：实现梦想缺少不了坚强的意志。从童年时代起，彼得·克劳斯就一直在为梦想默默努力，在家庭陷入贫困时，他的意志曾经动摇过，但母亲帮他坚定了自己的信念，他最终实现了自己的梦想。

什么是坚定的信念？就是对梦想的坚持，对自己的信任——相信通过自己的努力一定能实现自己的梦想，相信自己无论遇到多少困难终能跨越——就是这种坚定的信念支撑着人们一步步触摸到梦想。因此，不要畏惧困难，用坚定的信念去实现你的梦想吧！信念终将改变你的命运！

越挫越勇，坎坷不过是梦想的加速器

"坎坷是梦想的加速器。"有些人并不认同这句话，他们觉得坎坷是阻碍实现梦想的绊脚石，怎么可能是梦想的加速器呢？是的，对于某些意志不够坚定、不够执著的人来说，坎坷确实让他们在与挫折和磨难的搏斗中停滞不前。而对那些拥有"一往无前、永不言弃"之精神的人来说，坎坷丝毫撼动不了他们追求梦想的强大内心，他们反而会越挫越勇——越是遇到坎坷，越是把坎坷当作挑战、当作机遇、当作动力。在这些人眼中，坎坷就是他们梦想的加速器！

其实，坎坷是人生的常态，一帆风顺才是个例。所以，如果你不能把坎坷当作你梦想的加速器，你的梦想又怎么能够实现呢？之所以有那么多人不能成功，就是他们把坎坷当成了洪水猛兽，而不是梦想的加速器。

为什么说"失败是成功之母"？因为我们从失败中吸取了教训，获得了成长，我们利用了失败，让失败为我们服务，助我们成功，所以，失败也是我们梦想的加速器。因此，用正确的态度对待坎坷，别让它成为你的绊脚石，而是作为你的加速器、你的催化剂，那么成功也就指日可待了。

耶鲁大学正是这样做的。在办学的过程中怎么可能没有坎坷？从一个小小的教会学校成长为世界一流大学，这个过程怎么可能一帆风顺？而耶鲁大学"一往无前，永不言弃"的信念，决定了它会把坎坷当作自己理想的加速器，在追求梦想的道路上越跑越快，所以才能在短短300年间跃居世界一流大学的行列。

事物都有其两面性，很多困境都并非是绝对的坏事。例如坎坷，只要我们能认清它，并学习如何利用它，坎坷可以成为梦想的加速器。而你，经过了坎坷的历练，意志就会如同淬过火的钢铁般坚韧无比。

一位年轻的英语教师原本拥有幸福的家庭和称心的工作，然而命运却让她在一瞬间失去了这些——丈夫离她而去，失去工作，居无定所，身无分文，只有嗷嗷待哺的女儿。这可怎么办？困境几乎把她击倒了。

还好，她还有一个特长，就是写作。以前，她有老公、有工作，不需要用写作来维持生计，所以她一直没有足够的动力来完成这个梦想。现在遇到了困境，反而激起了她写作的欲望。用她自己的话说就是："或许是为了完成多年的梦想，或许是为了排遣心中的不快，也或许是为了每晚能把自己编的故事讲给女儿听。"所以，她需要写作。这时候，困境成为了她梦想的加速器，她的遭遇成了她写作的素材。她成天不停地写呀写，有时为了省电，她甚至待在咖啡馆里写上一天。就这样，她的第一本小说完成了。

然后，她开始向出版社推荐这本书。然而，她的小说并不受出版社的青睐，遭到了一次又一次地拒绝。她又一次遇到了前所未有的坎坷。如果这本小说不能出版，不但之前所付出的努力前功尽弃，她和女儿的生存问题也无法解决。她没有气馁，对自己的小说充满信心，于是她开始修改自己的小说。在反复修改之后，她再次向出版社自荐，终于，英国学者出版社向她递来了橄榄枝，出版了她的小说。

小说一经出版就备受读者欢迎，被翻译成35种语言，在115个国家和地区发行，引起了全世界的轰动。后来，小说又被拍成电影，在全球引起了更大的反响。书中主人公文质彬彬、充满才气，用他富有冒险精神、真诚友善的精神，鼓舞了全球亿万观众。她成了享誉全球的女作家，终于在经历种种坎坷后，成功实现了她的写作梦想。

这就是英国女作家J-K·罗琳，她所创作的这部小说就是《哈利·波特》。

为什么J-K·罗琳在安逸的环境下没有创作出《哈利·波特》，没有完成作家的伟大梦想，而在人生遭遇困境时却完成了这个梦想。正是因为安逸的环境会消磨人的意志，而困境却往往能激发人的斗志，所以我们才会说"温室的花儿容易凋谢，傲雪的寒梅却能暗香扑鼻。"看来，坎坷确实是梦想的加速器，它能助你更快地实现你的梦想。

而在完成梦想的过程中依然会遇到很多坎坷，而你只要认同"坎坷是梦想的加速器"，它的出现会加快实现梦想的步伐，你就会不畏困难，披荆斩棘，加速驶向梦想的彼岸。

如果我们都能够像女作家J-K·罗琳这样面对坎坷，而不是总想着如何"屏蔽"坎坷，那么我们实现梦想的几率就会增大很多。所以，当我们遇到坎坷的时候，不妨试着问自己一个问题："你是要把坎坷当作自己的拦路虎还是加速器？"相信你一定能给自己一个正确的答案。

所以，坎坷不可怕，反而会带给我们莫大的益处，例如使我们掌握许多解决问题的方法，并在解决问题的过程中不断地积累知识和见识，而这一切都成为我们梦想的垫脚石，缩短我们与梦想的距离。

虽然，坎坷会让我们感到痛苦和迷惘，但也会令我们更加渴望成功，更加向往梦想实现的那一刻。所以，追寻梦想时不要恐惧坎坷，而是要用必胜的信念去战胜坎坷，用一往无前、永不言弃的精神将坎坷转化为实现你梦想的加速器！

努力的程度，决定你人生的高度

人与人之间的智商究竟差多少？其实相差不大。但人与人之间的命运为何却相差那么多？我们说，主要在于追求梦想的过程，一个人是否不断地为实现梦想而付出努力，这在很大程度上决定了他的梦想是否能够最终实现。

从耶鲁走出来的耀眼明星中，有学界新秀、有科学家、有政坛名人等各行各业的优秀人才，大家被他们的卓越成就所吸引。但是我们注意到过他们的出身吗？这些人中有出身富有之人，也不乏出身贫寒之人。出身富有之人也许还有家族的便利条件，但那些出身贫寒之人又是凭借什么走上成功之路的呢？其中的原因一定缺少不了"不断努力"。

追求梦想的过程中总是充满了各种艰辛和苦涩，如果没有"努力、努力、再努力"的精神，恐怕很多人都会在中途停下他们追梦的脚步。"努力、努力、再努力"，用这句话鼓舞自己去尝试、去坚持、去超越、去登顶，这就是一种"一往无前、永不言弃"的精神。

这种精神容易做到吗？有人说容易，不就是努力吗？是的，为一件事付出努力似乎不难做到。但是努力，再努力，不停地努力，不管遇到多少困难和挫折都不停止努力，试问这点又有多少人能做到呢？所以，难的不是努力，而是不管在任何情况下都坚持不懈地努力、长期地努力，才是最难做到的。

但有这样一个小孩却做到了。

美国阿肯色州的密西西比河,是一条美丽的河流,但这一条河流也会给人们带来灾害。有一年,密西西比河的大堤被洪水冲垮,洪水肆虐,许多人家被冲毁。一个黑人小孩的家也不幸遇难,在洪水即将把他冲走的那一刹那,母亲用力把他拉上了堤坡。

转眼,小男孩初中毕业了,但阿肯色州的高级中学却不招收黑人学生,所以小男孩不能再继续上学了。他很沮丧,感到命运对他不公平。但母亲告诉他:"不要埋怨命运不公,要问自己努力了没有?"

母亲的话鼓励了他,他开始走向社会努力打工。几年后,他创办了一份杂志,但在关键时刻资金出现了问题,他缺少500美元的邮费,无法给客户定发函。几经努力下,一家信贷公司愿借给他这500美元,但必须有一笔财产作抵押。他愁眉不展,因为他没有财产可以作为抵押。在这关键的时候,母亲又帮助了他,用家里的一批新家具做了抵押。这批家具是母亲分期付款好长时间才买到的,是母亲最心爱的东西。

杂志获得了巨大成功!男孩的事业终于成功了!他将母亲列入公司的员工,给母亲发退休工资。这一天,母亲哭了,他也哭了。

但是,没有什么事情是一直顺利的。后来,这个男孩的事业因种种原因跌入了低谷,这次遇到的问题更大,不管想什么办法都无力回天。

他忧郁地告诉母亲:"妈妈,看来这次我真要失败了。"

妈妈问了他一个问题:"儿子,你努力过了吗?"

"努力过了。"他说。

"还能继续努力吗?还能努力、努力、再努力吗?"

"能!"他斩钉截铁地告诉母亲。

"很好!"母亲说,"只要有一线希望,就不要停止努力。困难在不断努力的人面前将无所遁形。"

于是，他又打起精神，继续为事业努力奔走，他想尽了一切办法，终于再次渡过了难关！

这个男孩就是著名的美国《黑人文摘》杂志的创始人约翰森。后来，他成为了一家出版公司及三家无线电台的总裁。

约翰森的成功告诉了我们：出身贫寒的人实现梦想的唯一途径就是努力、努力、再努力。是的，人生没有捷径，想要更快地实现梦想就是要不停地努力。命运在于搏击，奋斗就有希望，任何时候你放弃了努力，就等同于放弃了成功的希望。

或许你会认为失败是由于某些客观原因，诸如竞争的残酷、意外的发生等，但只要你主观上没有放弃努力，永远都有可能成功。因此，生命不息，努力不止！这也是对耶鲁精神"一往无前，永不言弃"的另一种诠释。

成功的人生没有秘籍，就是将努力的精神发挥到极致。你比他人更努力，就比他人走得更快；你比他人更努力，就比他人更加成功；你比他人更努力，就比他人更容易从逆境中奋起。一代代耶鲁人也是由于比别人更努力，耶鲁大学才比众多大学更出色。努力的程度决定了你人生的高度，也会成为你人生的分水岭。

所以说，任何时候别放弃努力，任何时候别停止努力。人的一生努力一次不够，努力一时也不够，要努力、努力、再努力才够。因此，不断地努力吧，一往无前，永不放弃！

跌倒了，要学会自己站起来

人生中有谁不曾跌倒过？从蹒跚学步到独自行走江湖，不管是健步如飞还是稳步前行，我们都会有跌倒的时候。

蹒跚学步时，我们很容易跌倒，哪怕脚下一点点的不平或磕绊，都会让我们跌倒。这时，父母总是飞快地把我们扶起来，心疼地把我们抱在怀里，安慰着哭泣的我们。

独自行走江湖时，我们也会跌倒。江湖上有坦途，也会有坑洼，甚至有陷阱。这时，我们不但会跌倒，甚至会掉进陷阱里摔得很惨。这时，我们会怎么办？有人救我们吗？也许会有，但更多的时候没有。怎么办？唯有自己爬起来。

是的，当我们成人以后，跌倒了不但不再有人扶我们起来，还会有人奚落嘲笑我们："看，摔得真惨。"这个时候，我们唯有用最快的速度站起来，拍拍身上的灰尘，大踏步地继续朝前走，才是对他人奚落和嘲笑的最好回应。

跌倒了，要学会自己站起来，别再奢望别人的同情和帮助，因为这是一个成熟的人必须具备的一种坚强；跌倒了，要学会自己站起来，因为他人行色匆匆，没有人愿意因为你而耽误他们的行程。这可能有些残酷，但却是事实。

耶鲁大学在办学的过程中也曾跌倒过，一度坚持的办学方针有所偏差，遭到了同行的嘲笑和质疑，这些也曾阻碍着耶鲁大学的进步。但耶鲁大学迅速反思，很快调整了办学方针，从因循守旧中大胆改革创新，走出了属于自己的路。耶鲁大学不怕跌倒，在跌倒后迅速站起，靠着自己的能力站得更稳，走得更快。

因此，跌倒了之后要马上站起来，坐在地上哭泣是没有用的，那只会浪费时间，消磨斗志，被他人嘲笑。而马上站起来是一种坚强的意志，站起来之后继续毫不犹豫地向前走，同样是一种一往无前、永不言弃的信念。

你们看到过一只长颈鹿刚刚出生后的情景吗？

长颈鹿刚刚出生时就是摔倒在地上的。它从妈妈的子宫里掉出来，落到大约3米下的地面上，通常后背着地，这对一个刚刚出生的小生命是很残酷的，这是它生命中的第一次摔跤。但它的妈妈并没有帮它站起来，几秒钟后，它自己翻过了身，将四肢蜷在身体下吃力地站了起来。

但是，下面的这个情景却让我们惊呆了：长颈鹿妈妈低下了头，对着还尚未站稳的小长颈鹿狠狠踢了一脚，小长颈鹿顿时翻了一个跟斗，四肢朝天躺在了地上。

摔倒在地的小长颈鹿又开始拼命努力，但因为刚刚出生没有什么力气，挣扎了半天还是站不起来，于是停止了努力。这时候，它的妈妈再次朝它踢去，小长颈鹿没办法，又开始用它颤抖的双腿使劲站起来。

就这样，长颈鹿妈妈一次又一次的训练小长颈鹿，直到它有了迅速站起来的意识和能力。

为什么长颈鹿妈妈要用这样残酷的方式来训练小长颈鹿？因为它要小长颈鹿意识到：跌倒了，要自己站起来。因为在大自然的生存竞争中，弱肉强食，狮子、土狼等野兽都喜欢猎食小长颈鹿，所以，小长颈鹿只有在跌倒时用最快的速度站起来，才不会脱离鹿群沦为虎豹豺狼的盘中餐。

动物尚且如此，何况我们人类呢？跌倒了要自己站起来，这不仅仅是一个动作，更是面对挫折的一种态度和身处逆境中的一种精神。这种精神是"一往无前，永不言弃"的一部分，也是"一往无前，永不言弃"的前奏，只有先站起来，才能继续往前走；只有拥有坚强的品质，才有可能拥有更坚强的信念。

全世界有这么多所大学，耶鲁大学何尝不是处于一种惨烈的竞争中，若没有"跌倒了迅速站起来"的勇气，耶鲁大学也难以成为众多学子心目中的理想大学。

所以，对待生命里的摔跤，我们应该有这样的勇气和力量，只有这样才能把自己从困境中解救出来。学会自己站起来，不寄希望于他人，把命运掌握在自己手里，做自己命运的主人。

生活中遇到的种种困难与挫折，既能成为掩埋我们的泥沙，也能成为我们的垫脚石，就看你在跌倒时是停滞不前，还是站起来抖抖身上的泥沙。生活里大大小小的摔跤太多了，没有"跌倒了自己站起来"的勇气和信念，怎么能走完这充满坎坷的一生？自己站起来，既是对困难的宣言，也是对自我的挑战；自己站起来，既是现实的逼迫，也是自我的选择。

所以，跌倒了，别再左顾右盼渴望别人的搀扶，也别赖在地上半天不起，更别嚎啕大哭抽泣不止。学着自己站起来吧！当你习惯了自己站起来后，你就会发现：其实，跌倒，也不过如此。

经过苦难摔打的人，往往拥有坚强的内心

"百炼成钢"，原本脆弱的东西在几经磨练之后也会变得无比刚强。就如人的内心一样，原本是非常脆弱的，小时候遇到一点点小事就会委屈流泪，而长大之后反倒对许多误解、打击和挫折不以为意了。是我们经历的痛苦减少了吗？当然不是。而是经过太多苦难的摔打，让我们的内心越发坚强了。

所以人们常说：生命是脆弱的，但同时又是坚强的。

耶鲁大学已有300多年的历史，在这个过程中可谓历经了风风雨雨、几多磨难，历经无数次地摔打。越摔打，耶鲁人越强大、越不认输、也越拿苦难不当回事，就是这种对苦难无所谓的精神，使耶鲁大学经受住了无数回风雨的洗礼。

在生活中，我们也看到过一个人被生活的困苦折磨得遍体鳞伤，以为这个人从此一蹶不振，可突然某一天又看到此人焕发出了新的活力。对此，我们不禁惊诧于生命的神奇。其实，正是因为人顽强的生命力，才让这些经过苦难摔打的人拥有了坚强的内心。

确实，那些没有经历过苦难的人，生命显得单薄，承受力也比较弱，更不可能有成熟的性格。这种难以领略成熟人生的人，又怎么可能拥有坚强的

内心？所以，我们应该感谢生命中的苦难和挫折，让我们的内心变得越来越强大。虽然我们不必刻意地制造困难，但困难来了我们也无需惧怕，而应把它当作锤炼自己的机会。

为什么温室里的花朵更容易枯萎呢？就是因为它们缺少炙热阳光的照射和风雨的洗礼。苦难来临时，我们无处逃避。既然如此，索性就勇敢去面对，让自己变得更加坚强。上天不会永远不垂青你的，当你变坚强后，成功也离你更近了一步。

生活中有许多这样的例子：少年成名后一帆风顺，但在遭遇打击时却一蹶不振。而那些历经磨难的人却能够一往无前、永不言弃。是他们比前者更聪明、更有能力吗？不，只是因为他们拥有了更坚强的内心。

有几个小泥人走在路上。这时，他们前面出现了一条小河，这个小泥人停了下来，你看看我，我看看你，谁也不敢踏入这条小河，因为他们知道，只要踏入这条小河，他们就会有生命威险。

他们犹豫了很久，这时，其中一个小泥人站了出来，走到了小河的边缘。

"千万不要过去！"一个小泥人立刻阻止他。

"你的肉体会一点点消失的！"另外一个小泥人说。

"你将会成为鱼虾的美味，连一根头发都不会留下。"其他小泥人也纷纷地说。

这个小泥人听到大家的话后停了下来，他思考了一会儿，又迈出了脚步。是的，他是一个小泥人，他拥有脆弱的身体，但他不想一辈子只做个小泥人，他想让自己变得坚强，拥有一颗更坚强的心。但是他知道，要拥有坚强的内心，需要经过历练，而眼前这条小河就是他将要经历的炼狱。

终于，他的双脚踏进了水中。立刻，一种撕心裂肺的痛楚弥漫于他的全身，他感到自己的脚在飞快地溶化，灵魂也在一分一秒地远离自己的身体。

"赶快回来吧！"其他几个小泥人喊道。

他没有理会大家的喊叫，继续忍受着痛苦往前挪动脚步，一步，两步，三步……他知道自己已经没有后退的余地了，因为倒退上岸，他就会成为一个残缺的泥人，而如果在水中太久，他也会失去生命。

只有一个办法，用最快的速度趟过这条河。他向对岸望去：美丽的鲜花、碧绿的草地和快乐飞翔的小鸟。哇！他要赶快到达对岸那美丽的天堂。

于是，他心无旁骛，孤独而又倔强地向前走去。可是，这条河真长啊，仿佛耗尽一生也走不到尽头。小泥人继续向前挪动，鱼虾贪婪地咬食着他的身体，松软的泥沙使他摇摇欲坠，他忍受、忍受、再忍受……终于，他上岸了！

他欣喜若狂地往草坪上走去，突然惊奇地发现他的身体已经不再是泥土，而是金子，而他的心也变成了一颗金灿灿的心！

这个小泥人的心竟然变成了一颗金灿灿的心！为什么？因为他经过了磨难的历练，所以，他的心变得坚强了，以后不管遇到多么难以逾越的河流，对他来说都不是什么难事了。

其实对于我们人类来说，何尝不是如此——不管人生的河流再湍急，只要经过多次历练和摔打，我们同样如过无人之境。我们应该学习这个小泥人的精神，不要在困难和挫折面前犹豫彷徨，大胆地往前走，生活不就是趟过一道又一道的河流吗？如果你站在河边停滞不前，那么一辈子就只能是个小泥人，而走过这条河，你就有可能变成小金人，并且拥有金子般坚强的内心。

就像软软的泥巴一样，越摔打就会越坚硬，而人也一样，越摔打就会越坚强、越独立、越有承受力。因此，越是历经磨难的人，越是拥有人生的大成就，正是因为苦难的摔打使他们拥有了坚强的内心。而坚强的内心也正是"一往无前，永不言弃"精神的精髓所在。

我们感谢耶鲁大学用它的发展史给我们做了很好的说明，告诉我们一个弱小的人，只要经过磨砺和摔打，就可以变得坚强。所以说，生活中的种种磨难，是为了塑造你的内心，为了让你变得坚强，然后去改变你的命运。

因此，让我们感谢生命中那些苦难吧！因为唯有经过苦难摔打的人，才能够拥有更加坚强的内心！

命运会给执著的人留有余地

"一往无前,永不言弃"的耶鲁精神用两个字来概括就是——执著。执著,看法很简单的两个字,容易说却很不容易做到。为什么不容易做到?让我们挖掘一下它的内涵:耐心、耐力、屡战屡败、屡败屡战……所以,执著的人需要持久力,需要一种近乎偏执的固执,需要固执地坚守自己的梦想。

那么,执著的结果是什么呢?我们不敢说是百分之百的成功,但起码,成功的可能性会大大提高,因为对于执著的人,命运往往会给他留有余地。

命运会给执著的人留有余地。为什么这么说呢?因为人生犹如一场长跑,不够执著的人会在中途弃权,甘愿认输,而执著的人会在不停奔跑中不断收获——收获他人的帮助、收获机遇、收获成熟,而这些因素都会助他成功。所以,执著的人即便在追求成功的路途中几经失败,命运最终也总是会垂青于他。

而耶鲁大学把执著当作耶鲁精神的精髓,并且身体力行去实践着这种精神。耶鲁大学从建校以来,就坚守着"坚持传统,脚踏实地,信奉知识,注重人文"的办学风格,这和其他大学赶潮流、注重实用的办学风格相比,有很大区别。虽然其办学风格被其他大学嘲讽为"落伍",但耶鲁大学没有改变自己的风格,而是执著地把自己的这一特色保持下去,因此才有了现在独具特色的耶鲁大学。这就是命运对耶鲁大学执著精神的回报。

但是,执著的确是不容易做到的,因为执著需要付出太多太多汗水和泪水,而且执著还需要耐心,所以,不是每个人都能够执著地去追求。"一往无前,永不言弃"的精神成为很多人的口号,却并不是每个人都去身体力行。正因为不是每个人都能做到的,所以命运才会对那些执著的人有所偏爱,给这些执著的人留有余地,把成功的机会更多地留给他们。

陈教授是一位著名的小提琴家,前来请他教授小提琴的人非常多,但他对学生极其挑剔,没有好的资质和执著态度的人,他是不会收的。这一天,就有这么一个小孩来请他教小提琴。

一大早,陈教授刚出门,一个小男孩就站在他家门口,见他出来,礼貌地对他说:"陈教授,您好!我想跟您学小提琴,请您收下我吧。"

陈教授冷冷地说:"你找错人了,我不是陈教授",说完,也不看这个小男孩,就径直走了。

晚上,陈教授回家了,他发现这个小男孩还在他家门口。小男孩看到他走过来,马上迎了上来:"陈教授,您好,我叫张君,我想跟您学小提琴,请您收下我吧。"

陈教授依然冷冷地说:"我没时间教你,明天我就要出差了,早晨六点半的飞机!等我出差回来再说吧。"

小男孩连忙说:"没关系,我明天带着小提琴来,在您收拾行李时拉给您听,您要觉得我有天赋就收下我。"

陈教授犹豫了一下说:"好吧,明天,我只给你10分钟的时间。"

"好的!"小男孩高兴地答应了。

第二天清晨5点钟,小男孩就来到了陈教授家,向陈教授演奏起了小提琴。

陈教授听完了他的演奏,淡淡地说了句:"10天后,我出差回来,早上6点钟,你在我家门口等我,我再告诉你我是否收你做我的学生。"

"好的，我一定来！"小男孩爽快地答应了。

10天后，小男孩按照约定的时间来到了陈教授家门口，陈教授打开了房门，对他说："进来吧，今天我们开始上课。"

小男孩最终成为了陈教授的学生。他是用什么打动的陈教授？其实就是两个字——执著。主动拜访遭到拒绝，但小男孩没有放弃，仍然一次次地请求，不介意陈教授冷漠的态度，并抓住机会表现自己的才华，最终打动了陈教授，成为了他的学生。

而陈教授为什么要这样"折磨"小男孩呢？其实是对他的考验。因为陈教授知道，执著的人才能学有所成，所以，他只愿教授那些执著的学生，而不愿意在那些不执著的人身上浪费时间。

陈教授深谙这个道理，所以他才给了小男孩学琴的机会。在执著面前，命运都要让路，何况陈教授呢？在执著面前，再没有退路的事，都会有余地，只要你一往无前，永不放弃。

作为世界一流的大学耶鲁大学，也是这样教育他的学子的，它将"一往无前，永不言弃"作为耶鲁精神，就是因为耶鲁知道执著的力量足以把一切失败踩在脚下，也足以将一个平凡的人送上不平凡的位置。

因此，执著地去追求你的梦想吧！不管命运怎么对待你，只要你不抛弃你的梦想，命运就不会无情地把你抛下，而是给你留有余地，留有退路，让你永远有机会拥有成功。

只有前行，路才会不断延伸

谁心中没有理想的灯塔在闪耀？可是许多人却常常不知道怎样才能到达那片光亮。看看脚下，似乎无路可走，那便算了，让梦想沉寂吧。

对于路，鲁迅先生有名言——世界上本没有路，因为走的人多了也就成了路。那么对于我们个人来说，也可以这么理解：通往理想的路本来是没有的，因为你不断地往前走，才走出了一条路。

路，从来不是别人为你铺好的，而是你自己走出来的。也许刚开始，你面前是一片戈壁、一片沙漠或一片杂草和荆棘，你真的是无从下脚，无路可走，但是只要你迈出脚步，脚踏实地地踩出一个个脚印，就能走出属于你自己的一条路。或许只有当你把杂草和荆棘踩在脚下，一点一点地向前走去，你才会发现，原来前方有路，而且是很长很长的路。

耶鲁大学刚刚创办之时，是一个只有十几人的宗教学校。有人给它铺就一条世界一流大学的路吗？没有！耶鲁人只有自己一步一步往前走，去探索。哪怕每次只能走一小段路，耶鲁大学也不曾停息自己的脚步。因为耶鲁人知道，只有不断前行，永不言弃，路才会越来越长，越来越顺畅。

耶鲁大学在不断前行的过程中，探索出了一条有自己特色的办学之路：稳健、执著、务实、民主、包容和开放。在刚刚建校时，耶鲁一定无法看到清晰的路，正是自己的不断前行，才踏出了这样一条路。

就像我们在追求自己梦想的时候，就算我们真觉得它一点实现的机会都没有，但我们不能因此就在原地踏步，那样永远都不会实现梦想。我们应该尝试着做点什么，也许就会打开一点点缺口，也许梦想的光亮就会通过这个缺口照射进来，我们顺着这一点点微光走过去，也许就会发现一条大路正在向前一点点延伸开去。

无数事例告诉我们：只有前行，路才会不断延伸。只有前行，道路才会越来越宽阔。

有这样一个女孩子，毕业于名牌大学，长相靓丽，她的理想是当一名电视台的节目主持人。她对自己非常自信，相信梦想一定会降临到自己头上。女孩逢人便说："我现在只缺一个机会，假如给我一次上电视的机会，那么我一定会成为一名优秀的主持人。"她一直在等待这样一个机会。然而时光荏苒，几年过去了，这个女孩始终没有等到幸运女神的降临。她有些纳闷：自己条件这么好，为什么会没机会呢？

她考虑自身情况，既不认识在电视台工作的人，也没有看到哪家电视台在招聘，更没有人慧眼识珠在大街上发现她，所以，她觉得自己一直没有机会走上自己想走的路。

而另一个各方面都没有她优秀的女孩却实现了自己电视台主持人的理想。这个女孩是怎样做到的呢？这个女孩白天打工，晚上参加主持人辅导班的进修，等拿到专业的毕业证后，便开始四处求职。她跑了一家又一家的电台和电视台，经受了一次又一次的拒绝和打击，最终，在一家小小的电视台做了一名剧务，从端茶倒水开始干起，渐渐当上了一名实习主持人，最终成为了一名真正的主持人，光鲜亮丽地出现在了舞台上。

这两个女孩的经历足以印证这个道理：通往梦想的道路是自己走出来的，

不是命运给你准备好的,也不是他人指给你的,更没有人拉着你一起走,把实现梦想的机会寄托于别人或外界都是不太可能的,也许在路上会有好心的路人会帮扶自己一把,但归根结底这条路是要你自己去探索、去开发的,始终站在原地不肯迈出自己脚步的人,最终只能慨叹无路可走。

因此,不必洋洋自得拥有多么优越的资源,也不必灰心丧气觉得自己什么资源都没有。拥有资源的人如果自己不去努力实践,其优越的资源永远也不会帮他实现价值。而那些没有多少资源的人,只要不断实践,不断前行,就能拥有璀璨的未来。

所以,无论你现在的基础和条件是什么样的,放下所有的包袱和顾虑,发挥你的优势,弥补你的劣势,去寻找机会、去脚踏实地干,让他人看到你的努力和付出,命运自然会在合适的时候给予你实现梦想的机会。

人的一生就像奔腾不息的河流,不要在任何一个阶段停下来,我们要不停地前进,不断地超越,河水才会越流越远。而耶鲁大学也是这样——从没停下它不断前行的脚步——从不知路在何方,到走出一条名牌大学的阳光大道;从小心翼翼地迈出自己的第一步,到无所畏惧地大踏步往前走,靠的就是自己一点点的前行。

尼采说过这样一句话:"生命企图树起自己的云梯——它渴求眺望到遥远的地方,渴望着最醉心的美丽——因为它要求向上!"没错,我们来到世上,不是为了浪费时光和生命,而是要利用父母赐予我们的生命,走出一条让自己自豪、让他人敬佩的光明之路。因此,别再站在原地左顾右盼了,别再等待天上掉馅饼了,赶快迈出你的脚步吧,只有不断前行,你的路才会不断延伸下去。

自强不息，成为一个生命力顽强的斗士

耶鲁大学作为世界名牌大学之一，历来被公认为大学中的"强者"。耶鲁大学从办学之日起，就渴望成为同行中的强者，因为"不强"者，将会被历史和时代淘汰。对于一所大学来说是这样，对于一个国家、一个企业以及个人来说同样如此——不成为强者，你就会掉队，就会被淘汰。所以，我们要成为强者，要有争强好胜的信念。但什么才是真正的强者？怎样才能成为强者？唯有自强不息、不断进步，才能成为强者，才能配得上强者的头衔。

现代社会中，竞争越来越激烈，时代要求我们必须要成为强者，才能够在竞争中立于不败之地。在学校，如果学习能力不强，将会被同学们淘汰；在职场，如果工作能力不强，将失去升职加薪的机会；在社会上，如果性格过于软弱，将会被他人欺负；在人生旅途中，如果内心不够强大，将无法应对漫长而又曲折的人生。所以，时代要求我们必须成为强者。。

永远不要停下自强不息的脚步，这点和"一往无前，永不言弃"的耶鲁精神相吻合。不管脚下的路平坦还是坎坷，我们都要一往无前；不管前方遭遇什么样的磨难和挫折，我们都要永不言弃！其实，这，就是自强不息。耶鲁大学告诉我们：想改变自己的命运，就要拥有坚定的信念——永远不停下自强不息的脚步。

看看你身边的同学、朋友、同事中的佼佼者，或社会上的成功人士，哪一个不是自强不息的代表。而下面故事中要提到的这样一个人，更是自强不息的最佳代言人。

他是一个普通得不能再普通的黑人小孩。他并不是土生土长的伊利诺伊州公民，他出生在夏威夷，从小在印尼长大。小时候，家境困难，母亲无法送他到学校去读书，只好自己在家里教授他一些美国函授方面的课程。母亲亲自教他英语，提醒他铭记自己的血统，告诉他他有一个生活艰苦但勤奋工作的父亲，希望他也能像他父亲一样，做一个自强不息的人。

他听取了母亲的教诲，开始阅读有关美国公民权利运动的书籍，听黑人歌曲，看马丁·路德·金的演讲录像，练习演讲美国南部黑人孩子的成长故事。他对自己说："你要记住，你，是一个黑人，你会拥有与众不同的人生。"

成年后，他随母亲来到美国，因为几次的迁徙，使他受到当地人异样的眼光，可他却把这些眼光当作他自强不息的动力。刚搬到美国时，他刚刚大学毕业，一个人都不认识，没有经济来源，也没有一个亲朋帮助他。他只有四处去寻找工作，后来他终于在教堂找到了一份社区组织者的工作，每年收入3000美元。这份微薄的收入虽然只够他维持基本的生活，可重要的是让他接触到了芝加哥最贫穷的社区，这让他有机会发现美国社会存在的许多问题。

因为大量工厂的关闭，给这些社区造成了严重的创伤，于是，他加入到牧师与普通教职人员的队伍中为社区服务。他发现社区的种种问题其实折射出的是社会的许多问题：例如关闭一家钢铁制造厂的决定其实是来自很远的地方行政主管；学校里没有书本和电脑是因为某些领导偏移了他们的工作重心；一个孩子有暴力倾向是因为政府没有给他更好的教育……他感觉到自己在这里受到了有生以来最好的教育。

他想改变这些现状。这时，他想起母亲的话，唯有自强不息、努力寻求进步让自己强大起来，才能改变自己甚至是社会的命运。于是，他开始更加努力地学习。凭着聪明的头脑和刻苦努力的精神，他接受了不同文化的熏陶，吸收着不同文化的给养。渐渐地，他变得越来越优秀。

但他并没有停下自强不息的脚步，而是十年如一日地坚持学习、努力、奋斗。多年后，他在一场激烈的选举竞争中脱颖而出，成为了万众瞩目的美国总统。他，就是美国前任总统——奥巴马。

这真的是一个非常励志的故事。美国前总统奥巴马在母亲的教诲下，懂得在任何情况下都要自强不息。为此，从童年到青年再到中年，奥巴马从来没停下过自强不息的脚步。在孤独的他乡，他主动学习，积极向上，从各方面提升自己。家境的贫寒让他遭遇过太多的冷眼，可他对此却从没有抱怨过，而是不停地壮大自己的实力。因为他深知，只有经过磨炼，才能蜕变；唯有埋头努力，才能出头之时。唯有这样的隐忍和自强不息，才能汇聚厚积薄发的力量。

没有自强不息的精神，就不可能从一众平庸者当中脱颖而出；没有自强不息的精神，就不可能改变自己贫穷的命运。所以，那些总是感叹生存不易，赚钱难的人，应该先问问自己有没有做到"自强不息"？是不是自暴自弃，终日与懒惰为伍？

我们学习耶鲁大学的精神，就是希望自己能像耶鲁大学一样，成为社会当中的佼佼者。为此，我们只有不断地给自己目标，给自己压力，消除一切借口，不断激励自己去进步，成为自强不息的标杆，最终才能亲自改变自己和家人的命运。

让自强不息成为你血液里的一部分，随着你的心脏不停跳动。越是自强不息，你的生命越是鲜活，就越能够和耶鲁大学一样，成为一个生命力顽强的斗士。

第三章

大胆探索，让生命开出意想不到的花朵

　　古人说："授人以鱼不如授之以渔"。耶鲁大学就是这样做的，它没有拘泥于大学固有的教学模式，而是给学生们自主学习的空间，鼓励学生们自己去学习、去探索、去创造，让他们拥有自主探索的能力。所以，耶鲁大学的学子身上都透露着一种自由发展的势头。正是这种"自主探索，大胆追求"的态度，使得耶鲁及耶鲁学子们走上了一条属于自己的路，而且走出了一条阳光大道。可见，自主探索，自由发展，是更有生命力的发展模式。虽然在探索的过程中会遭遇他人的质疑、反对和阻拦，但我们仍要要坚持走自己的路，投入到探索的过程，别怕走错，不要却步，最终就会拥有一个别样的人生。

积极探索，人生就是摸着石头过河

1950年，格里斯沃尔德担任了耶鲁大学的校长。这位校长不喜欢被动等待，他在就职演说中说："假如都要等到繁荣昌盛的时代才开始我们的工作，我很怀疑我们是否能在今天汇聚于此。"格里斯沃尔德校长是一个坚持己见并特立独行的人，虽然他常常征求他人的意见，但最后做决定的只能是他。

1951年的6月11日，耶鲁大学向爱德华·C·托尔曼博士授予了荣誉学位，因为托尔曼博士在心理学方面做出了优异的成绩，但更重要的原因是他是"学术思想自由的英勇捍卫者"。

这一系列举动都说明了耶鲁大学是一所"自主探索，大胆追求，特立独行"的大学，就像格里斯沃尔德校长所说的那样，我们不能等到一切准备就绪才开始工作，而是在充满未知时就要开始探索。

为什么在一切未知时就要开始探索呢？因为未来是什么样的，我们无法预知；去往未来的路上会遇到什么，我们无从知晓。对于一所大学或一个人来说，我们只能在懵懵懂懂中探索，在小心翼翼中前进，这种感觉就像是摸着石头过河。

摸着石头过河，这并不是无奈之举，相反它是一种积极的人生态度。纵然说，摸着石头过河，我们有可能会摔跤，也有可能会走错路，但是我们仍然要大胆地摸着石头过河。这不是莽撞，这是一种"自主探索，大胆追求"的精神。没有勇气的人是不敢摸着石头过河的，只有具备开创精神的人才拥有这种摸着石头过河的自主探索精神。

有一个小女孩，从小被周围的人称为"神童"。她的母亲是个音乐老师，从小耳濡目染，具备了极佳的音乐天赋。4岁时，她就举办了第一场小提琴独奏音乐会。16岁时，她就进入了丹佛大学音乐学院学习小提琴，所有的人，包括她自己都认为她理所当然会成为一名出色的小提琴家。

就在她的梦想就要实现时，突然出现了让所有人都意想不到的转变。她告诉她的妈妈，她不想学习音乐了，因为她觉得她永远无法成为一个音乐家。

这究竟是怎么回事？

原来，在一个音乐节上，她看到一些很小的孩子只看一眼就能演奏她需要练一年才能弹好的曲子，为此，她受到了巨大的打击，她觉得她永远不可能有在卡内基大厅演奏的那一天了。于是，她决定放弃音乐，重新设计自己的未来。她的妈妈极力劝阻她，说她学了十几年音乐了，怎么可以轻易放弃。但她不顾妈妈的阻拦，因为她有了新的追求——国际政治。

她说："我喜欢这门课程，我要学习政治。"

从此，她开始学习政治学和俄语，并把它当成了她的事业。2000年1月，她被提名为国务卿，被媒体称为华盛顿"最有魅力的女人"。美国《福布斯》杂志评出世界100位最大影响力的女性，她名列榜首。这个美国女孩名叫康多莉扎·赖斯，她没有在音乐界闯出名堂，却在政界探索出了一条属于自己的道路。

康多莉扎·赖斯身上具有"自主探索，大胆追求"的良好品质。可能许多人都不敢放弃自己追求了十几年的专业，然后选择从零开始，这需要莫大的勇气。但其实，这是一件很正常的事情，因为谁都不能百分之百确定自己目前的追求就是对的，就像摸着石头过河一样，谁知道自己今后会走出一条怎样的路来。所以，当我们意识到自己的追求是错误的时候，就要勇于放弃，然后去选择自己更想走的路，不管他人说什么，都要大胆地去追求自己想要追求的东西。

这种自主探索的精神也是耶鲁大学的主张。耶鲁大学不仅自身敢于探索，还鼓励学生们勇于自由探索、自由表达。例如在课程的选择上，耶鲁大学就鼓励学生们自由选择课程，想学什么就学什么。在300年间，耶鲁大学始终坚持对学生进行自由教育，耶鲁的每一位校长基本上都会重申并坚持自由教育的理念，宣称"如何想比想什么"更重要，强调培养学生的批判性思维。可以说，"自由探索、特立独行"成了耶鲁大学的标签。

耶鲁大学这种自由探索的精神和我们常说的"摸着石头过河"并无二致。我们中国的改革也常常被比喻为"摸着石头过河"，这何尝不是一种"自由探索，大胆追求"的精神。这种精神要克服对未来的一种不确定感，能够承受探索失败或追求错误的结果，所以，摸着石头过河需要极大勇气和智慧。

"自主探索，大胆追求"的耶鲁人是令人敬佩的，敢于摸着石头过河的人是令人尊敬的，而"自主探索，大胆追求"这种精神又是令人迷恋的。探索的过程本身就充满了诱惑和乐趣，我们应该珍视自由的表达和对世间万物的探寻精神。

所以，像耶鲁人一样，想做什么就勇敢地去做吧！不要理会别人的质疑或嘲笑，成为一个有主见、有独立思维、不人云亦云的人，才能蹚过人生的河流，走上属于自己的平坦大道。

不要让别人的意见束缚了自己的脚步

我们在"自主探索,大胆追求"的过程中,不免会遇到反对、阻拦、质疑、嘲笑甚至打击,对我们的主张和追求不屑一顾,认为我们的追求必败无疑,有时就连我们最亲近的人都不支持我们的决定。这个时候,我们犹豫不决,不知道自己的追求是错是对,迟迟不敢迈出自己的脚步。

我们为什么要在探索和追求前面加上"自主"和"大胆"?是因为我们知道我们的探索必定会有不同意见,我们的追求必定会有人泼冷水。因为我们做了他们不敢做的事,走了一条常人不敢走的路,所以他们对我们做的一切唱"衰"。这个时候,如果我们被他人的不同声音左右,那么,我们就有可能放弃了走向成功的机会。

耶鲁大学的本科教育实行前两年"广度"教育和后两年"深度"教育相结合,强调培养学生的聪明才智而不以专门的职业准备为目的,这是一种独特的人才培养模式。但这种办学方式在商业化气息浓厚的美国大学中并不受推崇,因而被其他大学评价为一种"不切实际的教育",引得全美国教育界的质疑。这时候,耶鲁大学该怎么办?

放弃自己的教学主张改为和其他大学一样的教学方式吗?不,耶鲁大学并没有这么做。它没有理会他人的意见,而是坚持自己特立独行的办学方式。

因为耶鲁大学想探索出属于自己的独具特色的治学之路,而不是沦为无数平庸大学中的一个。正是秉持着这样的坚持,耶鲁大学在多年探索之后,证明了自己的探索是正确的,从而在众多大学中脱颖而出,跻身世界一流大学的行列。

如果耶鲁大学当初害怕他人的批评和质疑,不敢去探索和追求自己想走的路,那么,还会有今天的耶鲁大学吗?

所以,不要害怕和别人的意见不同,正因为你的想法是独一无二的,才具有了它独特的价值。只有那些敢于坚持自己主张、大胆探索自己理想的人,才配拥有不一样的成功。

戴小兰是个缺乏自信的家庭主妇,在很多方面都很笨拙,唯一让她感到自信的事情就是烤面包。缺乏自信的小兰非常渴望能走出家庭,做一件成功的事情。

于是,她对丈夫说:"我想开一个面包店。"

丈夫一听睁大了眼睛:"开面包店?你能开面包店?算了吧,你在家里偶尔做做面包就行了,开面包店这么大的事情你可做不了。"

小兰被丈夫泼了一盆冷水,仍然没死心,她去自己父母那里寻求支持:"爸,妈,我想开面包店。"

"开面包店?这事对你来说太难了,快别胡思乱想了。"爸爸妈妈也不支持她。

没有人支持小兰,但是小兰还是想开面包店。她不顾大家的反对,独自开了一家面包店。开张的那一天,竟然没有一个顾客光临。第二天,有了一个顾客。第三天,顾客还是很少。怎么办?顾客这么少,面包店如何经营下去?

小兰本来就是个非常内向的人,但为了面包店的生意,她手捧面包站在面包店的门口,对着过往的行人喊道:"卖面包了,热烘烘、香喷喷的面包,免费品尝啰!"

就这样，过往的行人都开始来品尝她的面包。小兰的手艺很好，品尝过的人都对她的面包赞不绝口，纷纷到店里购买面包。慢慢地，她的生意好起来了，面包店有了盈利。这让小兰的老公和她的父母大吃一惊，他们没想到小兰靠自己也能干成一件事，而小兰也因为面包店的成功，变成了一个浑身散发自信光芒的人！

小兰的探索成功了，她靠自主探索和大胆追求实现了自己的梦想。如果当初小兰听从了他人的意见，她还能开这家面包店吗？她还会知道自己也可以独自干成一件事吗？

这个小小的个例告诉我们：在有了一个想法或决定去做一件事的时候，不要害怕别人的意见和自己不同，别人的反对并不代表你的决定是错误的，要敢于相信自己。有了这种自信，你才有可能踏上自主探索成功的道路。

因此，不要害怕和别人的意见不同，因为平庸者总是多数，特立独行的人总是少之又少。所以，总是有人会反对你的想法。如果你因为他人和你的意见不同就裹足不前，那么只会抑制你的潜力。而人的潜力是无穷的，不去尝试，就永远不知道自己的潜力到底有多大。

然而，大胆去探索，并不是鼓励你横冲直撞，而是要你在审时度势、小心翼翼思考过后去大胆验证自己的想法。探索就是一个验证的过程，即使最后证明你的想法是错误的，也不是什么大不了的事情。因为我们不是因为某件事一定能成功才去做这件事，敢于探索和追求的勇气比成功更可贵。

如果探索失败了，我们就修正自己的想法，而成功了就可以证明自己的价值。所以，探索总是有益的。既然这样，就不要被别人的意见牵着鼻子走，做一个敢于坚持自我想法、独立自主、勇于探索的人，大胆追求自己想要的人生吧！

保持本色，没有自我的人会沦为平庸者

世界上没有完全相同的两片叶子，每个人都是与众不同的，我们之所以能记住某个人，正是因为他具有自己的特色。对于一所大学来说也是这样，世界上知名的大学都有自己的特色。耶鲁大学的诸多校长们都说：比规模更重要的是大学的特色，大学的特色是一所大学在数十年甚至数百年发展中形成的，是传统与变革交织融合的产物，没有特色的大学绝对成不了高水平的大学。而一所不敢自主探索、大胆追求的学校很难拥有自己的特色。

是的，单纯的金钱投入堆积不出一流大学，空喊口号更建不成一流大学，如果没有将先进的办学理念落实到具体的办学实践中的决心和勇气，如果一所大学无法形成自己真正的办学特色和优势，那么，想要在一定时间内建成一所一流的大学是不太可能的。

耶鲁大学的众多校长们都是"建立特色大学"的拥护者，很多任校长本身也是一个独具特色的人。

耶鲁大学第17任校长小金曼·布鲁斯不仅自己反对美国发动侵越战争，还鼓励学生参加政治活动，他鲜明的政治立场受到了学生的拥戴。就连哈佛校长博克也称赞他说："他成功地提出了大学的学术品质，在混乱的时局中

还能坚持自己的立场并顺利过关,我对此感到敬畏。这种独具特色的领导作风和杰出表现是其他学校少有的。"

而耶鲁大学的另一位校长格里斯沃尔德更是一位个性鲜明的人。他强调小班教学、学生自主研究。他公开表明自己是个人自由和学校自由的捍卫者,强调耶鲁大学独树一帜的学术活动、认真负责的教学传统和百家争鸣的学术空气。由于格里斯沃尔德校长坚持走特色之路,这使耶鲁大学重新焕发了生机。

而可鲁校长的立场更是异常坚定。如果外界干涉其办学的独立性和自主权,干预其学术自由和言论自由,可鲁则不惜冒与之决裂的危险,也要坚持特色办学。

耶鲁大学第8任校长德怀特任职时,州政府规定学校收入的一半要转账给州政府。德怀特校长拒绝了这一要求,所以在德怀特校长任职期间,州政府不再向耶鲁提供任何资金。但即使这样,耶鲁大学也没有低头,硬是靠自己的努力度过了难关。

在耶鲁的发展历史上,这样坚持自我的校长并不少见。耶鲁大学独特的发展道路告诉我们:建设一流大学的关键就在于形成自己的办学特色。

耶鲁大学在保持自我特色方面可以说是我行我素。越战期间,美国政府责令各高校对逃避兵役的学生取消奖学金。全国的大学对此俯首听命,惟独耶鲁不买政府的帐,依然给这些学生发放奖学金。耶鲁大学因此失去了政府的大笔资助,但它还是依然坚守自己的独立自主的办学理念。这样的耶鲁大学不免让人肃然起敬。

一所大学拥有特色才能脱颖而出,而一个人也唯有保持自我的本色才能被他人记住。

有一个小女孩,歌唱得非常动听,她想成为一名歌手,但她却有一张丑陋的脸,为此她感到非常自卑。

终于，她有了一次演出的机会。面对观众，她非常不自然和不自信，她一直试图把上嘴唇拉下来，以盖住自己的牙齿，因为总是担心自己的形象，所以歌也没有唱好。

女孩演唱完后非常伤心，她觉得再也没有人会邀请她唱歌了，可没想到第二天就有一家唱片公司打来电话邀她面试。

唱片公司的人对她说："你的声音很好听，很有辨识度，但是你表现得有些不自然，我不明白你在掩饰什么？"

小女孩指了指自己的牙齿说："我长得不漂亮，我有一嘴龅牙。"

"自己的缺点很难掩饰，与其拼命掩饰它不如让它成为你的特色。人不怕有缺点，就怕失去自己的本色。做你自己好吗？你会成为一名好歌手的。"唱片公司的老板鼓励她说。

女孩感动极了，她没想到让自己深感自卑的缺点竟可以成为自己的特色。唱片公司接受了她，并为她出了专辑。很快，她一夜成名，成为全国最抢手的歌星，大家都记住了她动听的声音和她那满嘴的龅牙。

一个人不怕有缺点，怕的是没有自己的特色。勇敢做自己，这或许就是你成功的秘籍。因为没有特色的人很容易沦为平庸者。如果一个人的长相、性格、想法都和别人大同小异，又怎能从众人中脱颖而出呢？如果一个人想的、说的、做的总是顾忌别人的看法，又如何能够自主探索、大胆追求而走向成功呢？

因此，别管别人怎么看你，最重要的是自己要懂得欣赏自己、认同自己。然而生活中我们却时常忘了欣赏自己，总是不能彰显自己的特色，结果在这个过程中迷失了自己。

但耶鲁大学没有迷失自我，无论在什么时候，它都没有丢掉自己的主张，外界的质疑、威胁和阻扰都没能让它丢失掉自己的独特之处。这就是耶鲁大学成功的原因之一。我们也要学习耶鲁大学的这种精神，大胆地做自己，自信地成为自己想要成为的人。

  不要因为自己不够优秀，就在理想面前却步。不去探索和追求，你永远不知道自己能走到哪一步。人最重要的是忠于自己，让内心成为你最大的驱动力，推动你不断地往前、往前、再往前，就这样经过无数个黑夜与白昼的交替，你自然能走到你想走到的境界。保持住真我本色，会让你永远在人群中独树一帜。

细心观察生活，就会发现命运的契机

"自主探索，大胆追求"要如何才能实现？当然不是夸夸其谈、喊喊口号就行了，而是要从具体的事情，特别是具体的小事开始做起，因为伟大的发现都来自于生活中的小事和细节。要善于观察生活，从生活细节中去发现问题，继而深入地探索、研究，获得实质性的收获。

但是细节并不是每个人都会注意到，许多人即使发现了细节，也不会去细想这些细节的含义。其实，大事上，所有人都会看到眼里，都会去关注、研究，最后反倒研究不出什么特别的发现，而小事和细节往往蕴含着被别人忽略的契机。

事实上，在我们的工作和生活中，也不可能有多少惊天动地的大事等待我们去探索，决定我们是否有重大发现的往往就是细节。如果我们能成为一个"细节考究癖"，伟大的发现一定会层出不穷。

在耶鲁大学的实验室里，众多科学家是如何探索发现规律的？当然也得从一个个小小的实验开始，一次一次地去证明、去推翻、再去确定，通过观察每一个细微的变化、每一个具体的数据，研究其中的规律。走出实验室的科学家们，仍然很善于观察生活，或许在实验室里百思不得其解的问题，不经意地在生活中就能找到答案。

其实，科学创新并没有什么奥秘的诀窍，无非就是细心观察生活，从细节中去探索和发现。

瑞利家里开了一个饭店，客人络绎不绝，他的妈妈正在招待客人。只见他的妈妈端着茶碗在客人中间穿梭，瑞利的眼睛眨也不眨地盯着妈妈手里的茶碗，他完全被妈妈手中的碗碟吸引了。

他发现了一个奇怪的现象：刚开始的时候，妈妈手中的茶碗很容易在碟子中滑动，于是，妈妈在碟子上洒了一些热茶，然后茶碗就不滑动了。尽管母亲的手仍旧摇晃着，碟子倾斜得很厉害，但茶碗就像吸在碟子上似的，一点都不滑动。

"太有趣了！这究竟是怎么回事？"瑞利心里想，"我一定要弄清楚"。

他拿来了一些茶碗和碟子，开始反复试验起来。他还找来玻璃瓶，将玻璃瓶放到玻璃板上进行实验，看看玻璃板慢慢倾斜时瓶子滑动的情况。接着他又在玻璃板上洒了些水，对比了一下，看看有什么不同。经过多次实验，他对茶碗和碟子之间的滑动做出了这样的结论：茶碗和碟子表面总有一些油，这减小了茶碗和碟子之间的摩擦力，所以容易滑动。当碟子上洒上热茶时，油被热水溶解了，碗在碟中就不容易滑动了。这么说，油有润滑的作用。瑞利为自己的这一发现感到兴奋不已。

接着，他又进一步研究了油在固体摩擦中的作用，最终提出了油能够减少摩擦力的理论。后来人们根据这个理论制造出了润滑油。润滑油被广泛运用到生产和生活中，在有机器转动的地方，几乎都少不了润滑油。而瑞利则凭借这一发现在1904年获得了诺贝尔物理学奖。

茶碗在碟子上会滑动，这是个多么简单的现象，这个现象无数人都会无数次地看到，然而又有几个人会留心这个平常得不能再平常的细节，更不会去探索这个细节背后的真相和原因。而瑞利却发现了这一细节，并大胆地提出疑问，大胆地去探索，所以他发现了其中的规律，发明了润滑油，并带来了机械行业的革命性变化。

这就是善于细心观察生活的人对社会做出的贡献。生活的细节中蕴含着无数的真理，能够在平凡的生活中发现特别之处，才容易探索到真理。耶鲁大学中许多有成就的科学家从小对生活有相当强的观察能力，并善于从观察中发现有价值的东西，通过不断去探索、挖掘和研究，最终造就了他们后来的成功。

所以，别再抱怨生活没有机会，只是你没有做一个有心人。机会不会自己跳出来，而是要靠你用心去寻找、去发现、去探索。其实很多时候，并不是我们能力欠缺，而是缺乏一种精神，一种善于观察生活细节、勇于探索发现的精神。如果每一个人都能够具备这种精神，那么成功也就离自己不远了。

但是，如何做生活的有心人，成为一个善于观察生活细节，勇于探索发现的人呢？

首先，要有细心和耐心。伟大的探索发现都来自生活中的细节，发现细节需要细心，然后去一步步验证自己的想法。但这个验证的过程是漫长的、反复的、不是一次能够成功的，因此，还需要我们付出足够的耐心。就如瑞利发明润滑油一样，他是经过多次的试验才得出的结论。因此，没有细心就谈不上善于观察生活，没有耐心，可能最终无法探索到什么。所以，培养自己的细心和耐心，是探索和追求的前提。

其次，要能够发现与众不同的细节，并敢于提出疑问。也许我们很多人都会发现生活中一些与众不同的细节，但很多人仅仅是发现后就忽略了，极少在心里打个问号，去问一问自己这个现象到底是怎么回事？是怎么产生的？所以，你也就错过了发现重大现象的机会。因此，不是我们无法探索出自己的路，而是你没有走出这一步。所以，在发现一些细节的时候，不要仅仅觉得这个现象很有趣、很奇怪，而是要多问自己几个"为什么"。

最后，有了猜想后，还需要去探索和验证自己的猜想是否正确并做出更进一步的发明。提出了问题后，接着就要去解决问题，否则我们还是无法探索出事情的真相。所以，要去调查、研究、试验，一步一步找到事情的原因，并继续探索，做出更大的发明。就如瑞利一样，他不仅找到了茶碗在泼过热茶的碟子上不会滑动的原因，还又继续研究发明了润滑油，为人类和社会做出了巨大的贡献。这就是"自主探索，大胆追求"的真正价值和意义所在。

　　总之，养成善于观察生活细节的习惯，发扬勇于探索发现的精神，在不断摸索中前进。像耶鲁大学一样，找准自己的位置，实现自己的理想，从而离成功越来越近。

忘我的投入，才会把你带入成功的境地

我们怎么样做一件事最容易成功？其实，没有捷径。有一条路是每个人都必须经过的，那就是忘我的投入。但是，不是每个人都愿意去忘我的投入，不是每个人都能够捱过这个过程，更不是每个人都能够做到百分百的投入。只有那种对事情充满了强烈热爱的人，才能够无怨无悔地付出努力并乐在其中。他们在这个过程中废寝忘食，有着一种常人难以企及的"忘我"精神。

耶鲁大学出过很多科学家，当问及他们成功秘籍是什么的时候，大部分人都会这样回答："对未知世界的探索精神以及对探索事物的热爱及忘我精神。"

这种忘我精神恰是很多人缺乏的。现代的很多年轻人在做事情的时候总是无法专注、三心二意，惦记着吃喝玩乐，分散了精力，无法投入，所以很难做出多么大的成绩。而忘我的投入可以使你全神贯注地做一件事，因此，效率会大大提高，效果也会更加显著。

耶鲁的众多学子在自主探索和追求的过程中同样具备忘我的精神，才能够在求学路上走得越来越快、越来越顺。而这种忘我投入的精神，不仅耶鲁人有，许多的科学家也都具备。

有个老人正在洗澡。突然，他从浴缸里跳了出来，光着身子冲到了门外，一边跑着一边高喊道："我知道啦！我知道是怎么回事儿了！"

大家一瞧，天呐！这个老头疯了吗？竟然一丝不挂！

其实，这个老人没有疯，他只是解开了一个重要的秘密，然后忘乎所以。他解开的这个重要秘密究竟是什么呢？

原来，几天前国王叫金匠做了一顶纯金的王冠，漂亮极了。可大臣们却说这可能不是纯金的。国王听了这话也有些怀疑，就叫人把王冠称了一下，可是王冠的重量和交给金匠的金子的重量一样，所以，没法辨别王冠是不是纯金的。没办法，国王就把聪明的阿基米德找来，让他想办法弄明白王冠到底是不是纯金的。

科学家阿基米德接到这个任务后，天天苦思冥想，就连吃饭、睡觉、走路时都在思考这个问题，甚至于就连洗澡时脑子里也都是这个问题。这天，他正在洗澡，刚坐到浴盆里，热水哗哗地就从盆里溢了出来。"水放得太多了。"他下意识地站了起来，盆里的水落了下去。他孩子气地又重重地坐下去，水又没过盆沿溢了出来。这一动作就这样被重复了几次之后，阿基米德突然灵光一现，一下子想到了答案。于是，他猛得从浴缸里跳了出来，大叫着跑了出去。然后，大家就看到了他光着身子的样子。

阿基米德发觉大家在笑他，连忙低头一看，才知道自己赤裸着身子，便马上回屋胡乱穿上一套衣服，进了王宫。

到王宫之后，他给国王做了一个实验：他找来一块和金冠同样重的纯金块，以及两只同样大小的罐子和盘子，然后在罐子里装满水，把王冠和金块分别放进罐子里，结果水就从罐子里溢了出来流到了盘子里。最后他把这盘子里的水一称，发现盘子里的水不一样多。

阿基米德对国王说："现在我知道这只王冠是不是纯金的了。"

国王问："你是怎么知道的？"

"王冠和纯金块一样重，如果王冠是纯金的，那它们的体积也应该是一样的，放进水罐里溢出的水也应该是一样多。但现在放王冠的罐子里溢出来的水多，说明王冠的体积比纯金块大，由此可见，王冠不是纯金的。"

国王立刻把金匠抓来查问。果然，王冠内层是用同样重的黄铜代替的。就这样，阿基米德成功探索出了王冠是否纯金的秘密。

阿基米德揭示出了王冠的秘密。他靠的是什么？除了靠专业的科学知识以外，也离不开忘我的科学精神。吃饭、走路、睡觉，甚至于连洗澡时都在思考如何探究出王冠的秘密，正是这样忘我的精神，才使他在不经意间有了重大的发现。可见，忘我的精神是阿基米德成为伟大科学家的原因之一。

如果我们也能有这样忘我的精神，那不管做什么事情，成功的可能性都会增加。而忘我的精神不仅能让自己更接近成功，也能使这个探索的过程不再漫长和枯燥，因为你忘却了时间、忘却了自己，把所有的心思都扑在了你所热爱的事情上，那么探索的过程自然也就变成了一种享受。

这是发生在一个德国科学家身上的故事。他是个物理学家叫伦琴。有一天，伦琴顾不上吃晚饭，他胡乱啃了几口面包，就又回到实验室工作去了。

这时，他的妻子贝塔走了进来，手里端着晚饭气冲冲地对他说："你究竟还要不要吃晚饭？你今天一天都没吃饭了，为了工作不要命了吗？"

伦琴却没接妻子的话，而是兴冲冲地对她说："亲爱的，快来看，我发现了一种新的射线！"

妻子听到丈夫激动的声音也很兴奋，她说："你再做一遍给我看。"

伦琴说："好，你帮我拿着荧光屏。"

妻子照着他的话做，可是却突然尖叫起来："亲爱的，快来看屏幕上我的手。"

伦琴连忙朝屏幕上看去，他发现了一个奇怪的现象：屏幕上清晰地显示出妻子手指的骨骼影像。

伦琴激动地大叫起来："我们有了世界上了不起的发现了，我们发现了一种可以透视人体的射线。称这种射线什么好呢？因为他还是未知数，我们就称它为 X 射线。"

就这样，世界上出现了能够透视人体的 X 射线，这种射线能够显示出患者骨骼和内脏的结构，准确显示病变部位，对确诊治疗起到很大的帮助作用，对人类医疗事业具有划时代的意义。因为这一重大发现，伦琴荣获了 1901 年的诺贝尔物理学奖。

物理学家伦琴在探索发现的过程中，也充满了全身心投入的忘我精神——忘记了吃饭，忽略了妻子对他的不满。因为他把全部的心思都用在了自己的工作上，所以，他才能比他人发现更多的现象，研究出更多的东西，为人类做出更大的贡献。这，就是忘我的精神在探索过程中起到的作用。

真理总是伫立在前方，等待人们去探索，而探索则需要一种忘我精神。因为只有全身心的投入，才会换来丰厚的回报。当你把所有的心思和注意力都投入到一件事情上的时候，就容易有灵光闪现；当你能够忘我地去努力的时候，事情的进展会更为顺畅。

耶鲁人在 300 年间的行进过程中，始终处于忘我探索的境界中——不仅实验室里的科学家具有忘我的探索精神，耶鲁的领导人具有忘我的管理精神，耶鲁的众多学子也在忘我地学习。这些学子们埋头于安静的图书馆里，他们不是正在忘我地汲取知识的养分吗？教室里老师滔滔不绝、侃侃而谈，他们不是正在忘我地讲课吗？校园里学生们面红耳赤地热情讨论着，他们不是正在忘我地交流吗？

因此，用忘我的精神去探索、去发现、去追求吧！这样，才能在自己所研究的领域收获累累硕果。

十五的月亮十六圆，要想收获先种田

"不是努力了就有收获，但想要有收获就必须要努力。"这是我们都听过的一句话。是的，"十五的月亮十六圆，要想收获先种田。"要想收获必先付出，没有付出很难有收获。

这个道理很容易理解。就像耶鲁大学一样，并不是从建立起的那天起就是世界一流大学的，而是经过了三百年的不懈努力和付出才成为了举世瞩目的名牌大学。众多的耶鲁学子也不是从毕业的那天起就成为了成功人士，而是经过了常年在社会上某个领域的打拼和奋斗才取得了傲人的成绩。因此，付出是收获的先决条件和必备条件，就算偶有不劳而获者，也很难永远守住自己收获的果实。

众多知名的科学家都是愿意为理想竭尽全力努力付出的人，他们不但愿意付出时间、付出精力、付出健康，甚至付出生命。

俄罗斯科学家利赫曼和罗蒙诺索夫是两位雷电专家，这两位雷电专家为了雷电安全利用的试验和研究，付出了太多太多。这两位科学家虽然最终未能实现自己的梦想，但却给当今的雷电专家奠定了雷电科学利用的基础。

在18世纪50年代，雷电在人们的心中像神一样神秘而又危险，谁都不敢碰它。然而，利赫曼和他的助手罗蒙诺索夫誓要揭开这神一样的秘密。

　　他们研究雷电现象已经三年了。那时他们认为打雷闪电就是天空在放电，但这种在现在看来稀松平常的科学认识，在当时却被称为是"胆大包天"和"犯神思想"。没有人理解和支持他们的想法，但是他们还是坚持进行他们的雷电研究。

　　为了将雷电引到屋子里进行研究，利赫曼在屋顶上树起一根长长的铁杆，下面捆着一根铁尺。这一天晚上，电闪雷鸣、风雨交加，利赫曼在屋里等着，罗蒙诺索夫则爬上了屋顶。两人试图把电引到屋里，突然，只见一道闪光，然后是一声巨响，屋子里的利赫曼顿时倒在地上，死去了。

　　这个意外让所有人都受到惊吓。罗蒙诺索夫和大家怀着伤痛的心情埋葬了利赫曼，大家都以为雷电研究就此终止了。谁知，罗蒙诺索夫依旧冒着生命危险，把长长的铁杆重新树立起来，人们无法阻止他，罗蒙诺索夫义无反顾，他要把利赫曼未完成的事业进行下去。

　　利赫曼和罗蒙诺索夫在探索和追求真理的过程中，不仅付出了大量的时间和精力，甚至付出了宝贵的生命。也许在有些人看来，这是无谓的牺牲，可是在科学面前，这样的牺牲却值得载入人类史册。

　　生命仅有一次，它对任何人来说是何等重要！可以说，我们做的很多事都是为了维护自己的生命。可在真理面前，生命又显得如此渺小。我们都知道，布鲁诺始终坚持自己的观点，反对宗教神学，结果被迫背井离乡，但还是被强大的教廷势力送上了法场。在大火面前，布鲁诺用生命维护了真理，获得了人们的尊敬和后世的纪念和崇拜。其实，从某种角度来说，生命是可以延续的——死于世，生在心。有些东西是值得用生命来捍卫的，譬如真理。

　　有许多人没有这种牺牲的勇气，他们甚至不愿意为了实现梦想去付出一点点时间和精力，这样的人又怎么可能收获甜美的果实呢？不愿付出者是不会实现梦想的。

小时候，鲍尔·海斯德看到全世界有许多人被毒蛇咬死，就立志长大后要从事蛇毒的研究。

他觉得，既然人患了天花会产生免疫力，那么被毒蛇咬后也能产生免疫力，产生的抗毒物质可以用来抵抗蛇毒。为了验证自己的猜想，他从15岁起就开始在自己身上做实验。他在自己身上注射微量的毒蛇腺体，并逐渐加大剂量与毒性。这种试验是非常危险和痛苦的，每注射一次，他都会大病一场；每注射一种新的蛇毒，他就要经受一种新的抗毒物质的折磨。

但他的付出终于有了收获，由于长时间注射毒蛇腺体，他的身体真的产生了抗毒性，因此被几种毒蛇咬过，也能安然无恙。

海斯德从自己注射过的抗毒物质及自己的血液中进行分析，终于研制出了抗蛇毒的药物，这种药物让许多被毒蛇咬伤的人起死回生。

用自己的痛苦甚至生命为科学献身，这样的付出不是所有的人都能做到的。为了研究出抗蛇毒的药物，鲍尔·海斯德在自己的身上做实验，忍受着长期的痛苦和折磨。

付出多大，收获才会多大。就像一代又一代的耶鲁人，为使耶鲁大学成为世界上一流的大学，他们顶着压力，忍受着质疑，不断地探索和追求，才终于收获了今天的耶鲁大学。

然而生活中的许多人却不愿意为理想付出，他们要么不去努力，要么就是半途而废，他们怕累、怕苦、怕牺牲，所以不去努力付出，最终只能是一事无成，在艳羡别人的成功中碌碌无为地度过一生。

所以，如果你不想此生远远被众人甩在后面，不想被社会淘汰，就不能做一个永远待在原地不愿意付出的人，而是要马上行动起来，不需别人的催促，克服自己的惰性，不停地努力，不达目标誓不罢休，用别人难以做到的付出达到他人难以企及的成功！

走自己想走的路,你的人生你做主

耶鲁大学把"自主探索,大胆追求"当作自己的精神追求之一,其实就是想走一条自己想走的路,不受他人干涉,不受任何事物的束缚。耶鲁坚持"自由",就是在坚持自己的主张,坚持自由探究、自由表达、自由教课、自由选课。但耶鲁这种自由开放的办学方式却遭受到了他人的攻击,认为耶鲁走上了错误的道路。但耶鲁没有过多理会他人的看法,仍然坚持走自己想走的路,因此,才有了今天我们所看到的耶鲁。

耶鲁的主张给了我们同样的启示:要大胆走自己想走的路,勇敢去追求自己想追求的东西,别被任何人或事物所束缚,别因为他人的质疑停止了前进的脚步,那样,你只会与成功的机会擦肩而过。

现实生活中有很多人都不敢走自己想走的路,而是走着父母安排的路或和别人一样的路。因为这样可以走得安稳,没有风险。但是,这样的路往往很难开创自己的天地,因为被他人安排命运的人,很难活出自我,活出成就。

所以,许多人没有走和别人一样的道路,而是走了一条自己想走的路,例如张朝阳、宋柯、高晓松、水木年华、撒贝宁等,他们没有像自己的同学那样,从事与所学专业对口的工作,而是纷纷转行,在其他行业内做出了一番业绩。他们没有被"学什么干什么"这样的所谓规则所束缚,而是想干什么就干什么,反而有了意想不到的收获。

不被束缚的生命更容易开出意想不到的花，因为它不受约束，可以肆意地向四处伸展，因此，它的枝叶可以伸得更长，它的根可以吸收到更多的营养，它的花会开得更加鲜艳夺目。

梁东是某师范学院的一名学生。在校期间他非常热爱摄影，没事儿就拿着相机到处拍，然后把照片发到自己的微博和QQ空间里，因为拍得很有水准，为此，还真收到了不少"赞"呢。

出色的摄影技巧，让他成为了学校校报的摄影记者，为学校校报拍摄新闻图片。四年的大学生涯，也让他积累了不少新闻拍摄的技巧和经验。

很快就到了毕业求职的时候，同学们纷纷开始找工作。因为上的是师范院校，大家基本上都是到学校去当老师。但梁东却有了别的想法，对化学专业本来就没兴趣的他，一点都不想成为老师。梁东想干什么呢？他心里很清楚，他想成为一名摄影记者。

但家里人并不支持他的想法，他们认为老师的工作既安稳又轻松，为什么要舍弃老师的职业而去做一名四处漂泊的记者呢？

但梁东执意走自己想走的路。他说："干自己想干的、擅长的事情，才觉得自由不被束缚，才能发挥潜能，做出更大的成绩。因此，我一定要成为一名摄影记者。"

于是，他不顾父母的阻拦，开始四处奔走寻找摄影记者方面的工作，虽然刚开始因为专业不对口而多次被拒绝，但终因自己有着这方面的经验和特长而被一家报社所录取。

三年之后，他成为了这家报纸的首席记者。这份工作他干得既愉快又有成就感，他不但获得了丰厚的物质回报，也实现了自己的人生价值。他感谢自己没有被自己的"专业"所束缚，没有被他人的意见所左右，而是坚持走了一条自己想走的路。

梁东的经历相信很多年轻人都遇到过，一条是按部就班、理所当然的路，一条是自己想要走的路；一方面是安稳，一方面是冒险。你想走哪条路？相信很多人会赞同走第一条路，因为那样会轻松很多；而走后一条路则会遭到很多人的异议甚至是阻拦，因为他们觉得那会付出很多，而且还不一定能得到自己想要的结果。因此，能坚持走自己想走的路的人，是需要很大勇气的——首先要有突破束缚的勇气，甚至是"冒天下之大不韪"的勇气；其次是要有自主探索、大胆追求的勇气和能力。

走自己想走的路，其实就是"我的人生我做主"的集中体现。只有"我的人生我做主"，才能收获自己想要的成功。耶鲁大学"自主探索，大胆追求"的精神就是告诉我们要自己去探索自己的路，不要人云亦云、随波逐流，不要在盲目的追随中失去了自己的特色和主张。

当我们想做一件事的时候，我们身边的人不管是好心还是假意，总是会有人泼冷水，这个时候，我们也会问自己："难道我这条路是错的吗？"不，谁也不敢肯定你要走的这条路就是错的，没有人有资格对你的未来做出评价，所以大胆地去走自己想走的路，不要被任何人或事物所束缚。

正因为走自己想走的路并不容易，因而我们更要培养自己的胆量和勇气，大胆探索出属于自己的人生之路！

不走寻常路，拥有别样人生

"不走寻常路"，是我们近年来常听到的一句话。为什么不走寻常路？很简单，因为寻常路看到的是寻常的风景。寻常路，顾名思义，就是大家都会走的路，是大家都走过的路。这条路，即便你还没走，也一定从许多人的口中听到了这条路上的风景。那么，当你真的走上这条路的时候，你不会为这条路上的风景而感到惊奇和惊喜，反而会觉得这条路平淡无奇、甚是寻常。这或许就是我们"不走寻常路"的原因之一。

但实际上，很多人都在走着寻常路：别人报什么专业，他也报什么专业；别人做什么工作，他也做什么工作；别人去哪里旅游，他也去哪里旅游；总之就是别人过什么样的人生，他也过什么样的人生。为什么他们爱走寻常路呢？因为他们认为走别人都走的路，才安全、才轻松、才容易成功。可事实是这样吗？

我们发现很多报了热门专业的学生毕了业却找不到工作，到热门行业工作的人几年后却被裁员，到热门景点旅游的人因为游客众多却无法好好欣赏风景，而那些过着和别人一样生活的人却整天感叹"生活好没意思"，这就是"寻常路"带给我们的感觉。

因此，好多人在走了寻常路之后又从这条路上退了回来，而有些人因为看到了这种现象，而放弃了走寻常路的想法，他们决定，要走就要走一条不寻常的路。因为在不寻常的路上，你看到的是他人没有看到过的风景，体验的是他人没有体验过的人生，而这样的人生别有一番滋味。

耶鲁并不喜欢走寻常路，因为它觉得走寻常路就失去了自己的特色，所以当其他大学都在往"综合学科"方面发展时，耶鲁却依然向"纵深"发展，它觉得把自己的传统优势学科发展到极致，才能使耶鲁大学胜任一流大学这个称号。因此，它没有走和别人一样的路。知名大学都是不走寻常路的代表，因为这样的大学都有自己的个性。

但不走寻常路却需要很大的勇气，因为这样的一条路充满荆棘，没有人给你指点方向，这条不寻常的路并不是那么好走。但别看这条路不太好走，那些走这条路的人往往总能获得很多意想不到的收获。

美国前总统奥巴马在上大学的时候，就希望自己将来的路是"为黑人而奋斗的一条路"。他觉得大部分的黑人都应该有这样的愿望，为黑人同胞的幸福而努力。但事实却并非如此，他们对奥巴马要走的路并不感兴趣。

因为能到大学来读书的黑人学生，绝大多数都来自于中产阶级家庭或者中上层社会，他们不需要再去改变自己的命运，也不愿意再刻意提起他们的身份，而是更愿意去走一条更轻松的路。

奥巴马对此感到很无奈，和他的黑人同学比起来，他觉得自己是个"异类"，他要走的路不被他们理解。但奥巴马并没有为此感到纠结，因为他很清楚自己要走的路不是一条寻常的路。他不希望自己成为一个只关心财富和地位的人，而是想成为一个关心黑人命运和社会命运的人。

为了能走上这样一条不寻常的路，奥巴马开始仔细选择交往的人——政治上更积极的黑人兄弟、外国学生、马克思主义教授、女权主义者，甚至朋克摇滚诗人等都成了他的朋友。他们一起吸烟、穿皮夹克、讨论新殖民主义、欧洲中心论、父权制等，并开始了解和参与到社会的各个方面。这在常人看来，一个黑人所走的这条路确实不是一条寻常的路，而是一条让人无法理解的路，一条很困难的路。但奥巴马却走得很开心，因为他的目标和别人不一样，他想要的人生也和别人不一样，所以，他知道只有不走寻常路，才能拥有别样的人生。

多年后，奥巴马成为了美国总统。事实证明，要想拥有别样的人生，就要走一条不寻常的路。

奥巴马的经历很好地说明了不走寻常路才能拥有别样人生的道理。其实，人类历史上的所有进步，几乎都是依靠不走寻常路来实现的，例如被斥之为"傻子"的爱迪生，他的伟大发明以及对人类所做的杰出贡献，不也正是受益于不走寻常路吗？

而到了现代社会，不走寻常路成为了很多年轻人的座右铭。像是歌手周杰伦，正是抱着"不走寻常路"的态度，才成了亚洲天王级的歌手，而他的人生必然是与众不同的。

耶鲁大学也是不走寻常路的典范。之所以要自主探索，正是因为不想走别人走的路，不想和别的大学拥有同样的"风景"。而耶鲁大学最终走的路也使它拥有了不一样的大学风采。

因此，我们也不要过于追求四平八稳的生活，拥有和别人一模一样的人生，虽然都是达到同样的终点，但如果我们走的路不同，过程就会更有意义。就像爬山或者旅行，如果你能够另辟蹊径，在向他人诉说这一路的沿途风景时，一定会让他们艳羡不已，而你也会因体验到了与众不同的感受，而觉得自己不虚此行！

所以，不要总是走别人走过的路，因为那样你只能算是一个"随从"。而不走寻常路的话，你则是这条路上的"主人"。勇于探索的人，必将获得别样的人生，必将领略到常人无法欣赏到的景色。

人生不怕走错，就怕却步

既然探索的过程如同摸着石头过河，那么难会走错路，会摔跤。于是有些人不敢走了，因为怕走错，怕摔跤，因此在半路或是十字路口面前畏缩不前了，徘徊良久却无法迈出自己的脚步。难道，不去走路、不去探索就是最安全、最妥当的办法吗？当然不是。

因为，路不去走，你是无法知道这条路是错还是对；如果不走，你永远不会知道哪条路才真正属于自己。只有走过，才会知道自己是否走了弯路，是否应该调整方向重新向前走。即便真的是走错了路，你也获得了经验，知道了哪条路是正确的，哪条路是错误的。

所以，人生怕的不是走错路，而是却步。因为走错了大不了折回来重新走，而却步只能让你待在原地；走错了你也会获得一些人生经验，而止步不前只会一无所获；不断地向前走才是人生的意义所在，哪怕你边走边想，走得很慢，也比原地踏步要更加接近成功。人生的每一段路都是有意义的，也许现在看来，你觉得这段路似乎不是你的方向，但它仍然是在为你的成功进行着铺垫。

耶鲁大学也曾经因为怕走错而却步过。例如过于坚持传统的思想，致使耶鲁变得有些保守，在其他大学都在实行"选修制"时，耶鲁却认为这是一条错误的路，因此坚决不走这条路，这致使耶鲁在某一段时间内停滞不前。

因为怕走错而却步，耶鲁为此付出了代价。

张爱玲在《非走不可的弯路》中曾说："有一条路每个人非走不可，那是年轻时候的弯路。"这句话是在告诉我们：人都有可能会走错路，但这条错路却是非走不可的。既然非走不可，那就不要害怕，不要犹豫，大胆往前走吧！只要不是一条死路，即便走错了又有何妨？只要不却步，就是在迈向成功。

大家一定很熟悉"箭牌"口香糖吧！那大家知道"箭牌"口香糖是怎样诞生的吗？

1876年，威廉·瑞格理只身一人来到芝加哥闯荡，因为没有高学历，也没有一技之长，他只找到了一份卖肥皂的工作。但他不甘心只卖肥皂，他发现发酵粉的利润高，于是就投入所有的本钱购进了一批发酵粉，准备大赚一笔。结果他很快发现自己做了一件大错特错的事：当地做发酵粉生意的人非常多，他们个个财大气粗，自己根本无法与他们竞争。结果他进的发酵粉全堆在仓库里，眼看都要发霉了，一旦发霉，他所有的本钱都无法收回，显然，到时损失必将十分惨重。

瑞格理非常焦虑，他心里盘算着怎么样才能处理掉这些发酵粉呢？他想来想去，觉得既然第一步错了，干脆将错就错。于是他向大家宣布，凡是购买发酵粉的客户，每买一包发酵粉赠送两包口香糖。虽然这种方法仍然会让他有所损失，但他总算是把所有的发酵粉都处理掉了。

虽然贩卖发酵粉没能让他挣到钱，但他却发现了另外一个商机：他发现口香糖的利润虽然很低，但需求众多，因此发展前景非常广阔。于是他决定经营口香糖生意，他投入了自己所有的家当，办起了一家口香糖厂。为了提高产品竞争力，他四处调查走访，积极听取顾客们对口香糖的包装和口味的意见，他根据客户的意见生产出了令消费者满意的口香糖，他把口香糖命名为"箭牌"口香糖。

终于，瑞格理的"箭牌"口香糖问世了。但是事情并没有他想象得那么乐观。因为市场上口香糖的品种众多，他的箭牌口香糖问世没多久就迅速被淹没在了众多的口香糖品牌中。瑞格理再次陷入了迷茫：怎么办？难道这一步自己又走错了吗？还要不要继续下去呢？继续下去会不会后果更惨重呢？

　　瑞格理想了很久，他觉得既然已经走上了这条路，就不能停滞不前，否则损失更大，不如孤注一掷，置之死地而后生。他把全美各地的电话簿都搜集了来，然后按照上面登记的地址，给每个地址寄去了4块口香糖和一份意见表。这样做的成本极大，如果还没有效果的话，他就只有死路一条了。

　　但是这次他成功了！没过多久，大街上全是嚼着"箭牌"口香糖的人，"箭牌"口香糖一下子风靡了全国各地。1920年，"箭牌"口香糖的年销售量达到90亿元，成为当时世界上最大的销售单一产品的公司。

　　瑞格理曾经走错过路，但他没有却步，而是一直勇往直前走了下去，而且他的方向是正确的，所以他最终成功了。不管他的成功是基于运气还是实力，但不能否认，如果没有最初的"走错路"，就没有后来的"走对路"。因此，我们不要怕走错路，因为对都是从错中总结出来的。如果因为怕走错就却步，那你可能连接近成功的机会都没有。

　　一时的走错路并不可怕，偶尔的做错事也并不可耻，没有人永远都不犯错，只要在错中找到失败的原因，改正错误，提高自己，错误就会成为成功的垫脚石。失误从另一个角度来看也是一种收获，人生何尝不是在错误中发现真理的呢？

　　耶鲁大学也是这样，当它发现因为没有走"选修制"这条路而错过了发展良机时，就赶快纠正了自己的错误，不再在这条路面前犹豫，而是大胆地走这条路，弥补曾经因为却步而给自己造成的损失。

　　所以，不要怕走错路，更不要因为怕走错而不敢迈出脚步。一个永远不犯错的人或许会少走一些弯路，但可能一辈子平庸。在人生的路上，有些错误是必须犯的，特别是年轻的时候。

不怕错，其实也是一种自主探索、大胆追求的无畏精神。有句话是这么说的："一个人犯的最大错误，就是永远不敢犯错。"是的，永远不犯错，你就不知道什么才是对的；永远不犯错，你就无法探索出一条自己的路。只有经历过错误的尝试，才能清晰地找准成功的方向。

所以，别怕走错路，即便你在这条路上头破血流，但只要还能走下去，就勇敢地去走。在探索的路上，谁都要付出代价。除非这是一条走不通的死胡同，否则就不要停下你探索的脚步。行进在探索道路上的你，一定要牢记这句话：不要怕走错，永远不要却步！

第四章

脚踏实地，一步一个脚印方能厚积薄发

"脚踏实地，厚积薄发"，这是耶鲁大学的精神之一。在这种精神的指引下，耶鲁大学的每一步走得都很坚实。它用两三个世纪去积累，不急躁、不幻想，方才铸就了今天的耶鲁大学！但是现实中脚踏实地者寡，好高骛远者众多。为什么总是有人不愿意脚踏实地，从一点一滴做起呢？因为脚踏实地的人在人们的印象中总是有些"笨拙"，似乎"聪明人"才会用最快的时间到达终点。可是这些"聪明人"却忘了"欲速则不达"的道理——拔苗助长的苗儿容易夭折，没有根基的大厦容易倾塌！所以，别再妄想着"一步登天"，也别再幻想着走捷径，而是要"十年磨一剑"，不断告诫自己：剔除浮躁心理，务实对待人生，先把一件件小事做好，一步一步去实现自己的梦想，用勤奋铸就梦想的城墙。这，才是最理性的生存态度！

脚踏实地，不要"飘着"生活

在生活中，我们常常听到长辈劝导年轻人："做人要脚踏实地，不要太'浮躁'。"我们也常听老师不厌其烦地教育学生："学习要脚踏实地，才能把知识学扎实了。"在公司里，领导也会这样告诉我们："脚踏实地地工作，不要总想着歪门斜道。"可见，在人的一生中，脚踏实地是一种无论在何时何处都备受推崇的一种生活态度。

这种生活态度也是耶鲁大学的精神之一。耶鲁在治学的过程中，从不好高骛远，而是一步一个脚印踏踏实实地走好每一步，正因为每一步都扎实，才能做到厚积薄发，让众多学府无法超越。

脚踏实地、实实在在、不虚浮的精神，不单是治学的态度，也是我们对待人生的态度。把生活中的一切问题都落在实处，细致谨慎地对待生活中的每一件小事，做好每一个细节，走好人生的每一步，打好人生的地基，我们就不会轻易对人生感到迷茫。

然而，在现在这个社会，脚踏实地生活的人却越来越少，而"飘着"的人却越来越多。因为人普遍缺乏耐心，总是幻想着用最快的速度成功，通过捷径得到自己想要的东西，这种"飘着"的生活态度使人们不惜出卖自己的灵魂和良心。但结果呢？却导致很多人失败、迷茫、空虚，甚至最终一事无成、一无所有。

事实证明,"飘着"生活的人只会摔得很惨。因此,我们要拒绝"飘着"的生活态度,要脚踏实地地生活。我们要规划好自己的未来,计划好自己要走的每一步,然后按照自己的规划,踏踏实实走好每一步,直到实现梦想为止。

林佳是个刚刚工作不久的大学生,她有着许多痛苦和困惑。她总想过上好日子。所谓好日子对她来说就是丰厚的物质生活:能用上最新款的手机,能穿上最时尚的衣服,能到处吃喝玩乐而不用担心口袋里的钱不够花。可是,她现在的收入连日常生活都无法满足,哪有多余的钱让她去奢侈。所以,她很苦恼,天天幻想着有一天能过上这种好日子。

林佳虽然对金钱有着太多渴望,可她却对自己现在的工作提不起劲儿来。下班回到家里后,她也是无精打采、唉声叹气,埋怨着工作不好、工资太低,嘟囔着爸爸怎么不给自己找个好工作。

爸爸看着她的样子,皱着眉头说道:"你想干什么样的工作呢?工资高的工作你能胜任吗?谁的职位和薪水不是从低处一点点做起的?你不努力奋斗,好生活会砸到你头上吗?"

"奋斗很累的,爸爸。再说奋斗成功我都老了,还享受什么生活啊!"林佳辩解道。

"人生来并不是就能享受的,别人的享受也是人家奋斗来的,你有什么样的能力就过什么样的生活。与其天天幻想着好日子,不如脚踏实地地去奋斗自己的好日子。"

在爸爸的一番教导下,林佳慢慢转变了思路。她突然发现,自己从来就没有好好想过自己想做什么、能做什么,要达到什么样的目标,而是成天想着向生活索取。自己确实生活得太浮漂了,这样下去,日子会越来越无聊,而且永远无法拥有自己想要的生活。

想到这里,林佳觉得该对自己有个清晰的定位,立一个目标,并制定一个规划。做好规划之后，林佳不再东想西想，而是开始踏踏实实上班、充电、学习新东西，每天都有许多事情要做，过得非常充实。

许多像林佳一样的年轻人，刚刚步入社会可能一时找不到方向，而对生活却有着各种幻想和憧憬，但一时又达不到，于是，就会陷入迷茫。要改变这种状态，就必须改变自己的生活态度，对生活少一点幻想，少一点不切实际的期望，不要总想明天，而要多想想今天，今天该怎么度过，今天要做什么，怎么样才能把今天要做的事情做好。这样，你的心态就从浮躁不安转化为脚踏实地，如果再能给自己树立一个切实可行的目标，制定一个妥善周到的计划，并付出行动去做，那么，你的生活就会步入了正确的轨道。

这就像耶鲁一样，刚刚建校时只是一所十几个人的学校，它并没妄想着在顷刻之间就成为世界名校，而是用了将近300年的时间来完成这个目标。它按照计划和步骤一点一点接近自己的目标，或许走得不够快，但却脚踏实地，一直在进步。

所以，生活一定不能飘着。倘若让自己飘到哪儿算哪儿，那你就会在恍惚中过完一生，不但过不上你想要的生活，你的一生也没有意义。一个不能脚踏实地生活的人，就好比一直"飘"在天空的风筝，没有目的地飞翔，有风的时候飞得高些，没风的时候就会跌落，甚至跌得很惨。自己的人生如果完全由外界的力量掌控着，命运也就不得而知了。

那些飘着生活的人看起来很潇洒，他们总是把"一切随缘、顺其自然"当作他们的借口，从不主动寻找机会，不去努力提升自己，同样，工作对于他们来说，只不过是混口饭吃，谈不上任何的抱负与追求。

有些人觉得"飘着"是一种精神的超脱，是一种"无为"的生活态度，他们把自己的命运交给一种叫作"宿命"的东西。但宿命能带给他们什么呢？其实，这和"做一天和尚撞一天钟"又有什么区别？不过是美其名曰罢了。

因此，"飘着"的生活态度是不可取的。我们必须对生活有准确的定位和具体的计划，这样才能看清未来的轮廓，避免内心的恐慌。然后，要踏实地向自己的目标迈进。所以，脚踏实地地生活才能让自己的心踏实下来，而踏实的心态有助你稳健地迈向自己的目标，这才是最积极、最健康、最理智的生活状态。

浮躁会让你找不到人生的方向

浮躁的人是一种什么状态？浮躁的人无法静下心来，就像无根的浮萍，没有内涵。一个心生浮躁之人，必定心神不宁、坐立难安。这样的人，怎么可能踏踏实实去做一件事，成就一番事业呢？所以说浮躁是一种不健康的心理状态和情绪，人一旦有了这种心态，就会变得暴躁、易怒、迷茫，甚至失去判断力，很容易被社会的急流所挟裹，耐不住寂寞，经不起挫折，最终一事无成。所以说，浮躁是人的天敌！

人一生都会有浮躁的时候：落魄时会浮躁，不知道自己的路在何方；成功时也会浮躁，内心膨胀觉得没有什么事情是自己干不了的。这两种浮躁都会失去冷静和理智的心态，不能正确地看待自己，甚至会使自己人生的方向盘抛锚。所以说，浮躁会让你找不到你的人生方向，会让你失去对自己的判断能力。

人把握自己、战胜自己是最难的。凡成大事者，必定是心存高远但脚踏实地，胸怀激情但又内心冷静的人。遭遇困境时，他们能忍受寂寞，冷静寻找出路；一帆风顺时，他们不会得意洋洋、忘乎所以。这样的人能谋定而动，努力耕耘不问收获，最终往往能收获沉甸甸的人生。

耶鲁把"脚踏实地"作为自己的精神之一，就是希望耶鲁学子们能剔除浮躁，不被浮躁干扰了心智，影响了求知的心态。

现在社会，浮躁的人有很多，不管是那些刚刚步入社会的年轻人，还是具有多年人生经验的职场老人，都很容易浮躁。究其根源，一方面是社会大环境的原因，不少人陷入攀比、追求物质的怪圈，难以找到内心的平衡；一方面是人自身的修养不够，对这个繁华的世界缺乏抵制诱惑的能力，或缺少谦虚低调的修为，或对自己缺乏正确的认知。

而有些"志向高远"的年轻人，总觉得自己才华横溢、价值不凡、能力超群，却不知只是高看了自己，陷入浮躁的漩涡中无法自拨。

一个乡下的小伙子去拜访大名鼎鼎的文学家爱默生，希望他能对自己的诗作进行指点，并能够提携自己。爱默生看了这个年轻人的诗稿，对他的作品大为欣赏，觉得这个年轻人非常有才华，于是，就将他的诗稿推荐给一些文学刊物，但却没有任何反响。

但是，爱默生却和这个年轻人有了频繁的书信往来。年轻人的信常常一写就是十几页，激情洋溢、才思敏捷，确实是个非常有才华的人，只是没有遇到机会。

爱默生对这个年轻人的写作才华大为赞赏，经常在友人面前提起他。渐渐地，年轻人的一些诗稿开始在一些刊物上发表，人们纷纷称呼他为"新生代诗人"。

年轻人继续和爱默生通信，信依然很长，信中仍然充满奇思异想，但言语之中却和以前不大一样，不再以学生的口气说话，而是以诗人自居，语气也傲慢起来。爱默生为此感到担忧。凭着对人性的洞察，他发现这位年轻人身上出现了一种危险的倾向——浮躁。没过多久，爱默生的担心便得到了验证。

在一次诗人的聚会上，爱默生又见到了这位年轻人。爱默生关心地问他："怎么现在不给我寄诗稿了？"

"我现在不写那些小诗了，我在写一部长篇史诗。"年轻人兴奋地说。

"你的小诗写得很出色，不写很可惜啊！"爱默生说。

"我要成为大诗人，不想再写那些小诗了，没有意义。"

"你认为你以前的那些作品都没有意义吗？"

"以前是以前，我现在是大诗人了，我要写大作品。"

"是吗？希望能早日读到你的宏伟巨著。"

"你一定能读到的，很快我就完成了。"

这次聚会上，年轻人大出风头。大家看到爱默生和他聊天，纷纷前来和这位年轻人说话，年轻人逢人便说他的伟大作品，很多人都认为爱默生看中的人将来必成大器。年轻人的确才华横溢、锋芒毕露，但却有点咄咄逼人、过于自负。

聚会结束后，过了好几个月，年轻人都不曾和爱默生联系。爱默生给他写信，问他："你的大作品怎么样了？"

过了好久，年轻人才回信："写了一半写不下去了，也许我只能写写小诗，成不了什么大诗人。我一直认为自己能成为一个大作家，别人也这么认为。获得您的赞誉后，我更加深信不疑。但是现在我对着稿纸，脑中却一片空白，一个字也写不下去。看来，我不是个大诗人，我只是个狂妄的小子。"

这个年轻人终于意识到了自己的问题——狂妄。年轻人因为取得了一点点成就就变得浮躁起来，变得不知道自己是谁了，还以为自己真的成为了大作家。可见，浮躁之心要不得，它会让人看不清真实的自己，让人在前行路上迷失方向。

有远大抱负是好的，但没有脚踏实地的态度，而是一味地浮躁，最终是实现不了宏图大志的。生活中浮躁的表现有很多：骄傲、自满、爱幻想、眼高手低、听不进去别人的意见，都是浮躁，这些浮躁的心态会成为成功的绊脚石，会绊得你摔得很惨。

因此，我们要理性面对生活中的起起落落——遇到挫折时不浮躁，取得成绩时也不浮躁；面对自己时不浮躁，面对他人时也不浮躁；自己进步时不浮躁，看到他人进步时也不浮躁。我们在做事情时，少一点欲望，少一点幻想，脚踏实地，从一点一滴做起，厚积而薄发，这样的人才更容易成功。

耶鲁就是一个不浮不躁的典型代表：无论是外界的赞誉或是批评，耶鲁始终不急躁、不骄躁，总是能够沉稳大气、从容淡定地面对，这才是大家风范。

在当今这个变幻莫测、充满诱惑的时代，掌握好自己的心态是最难的。只有不断提高修养、丰富自身内涵、塑造良好心态，才能够做到心无旁骛、冷静思考。只有摒弃心浮气躁的情绪，在扎实奋斗中沉住气、稳住神，才能真正做到胜不骄、败不馁，牢牢把持住正确的人生方向。

务实一点，把小事做好者才能成大事

　　脚踏实地的生活要从生活中的每一步开始，从每一件具体的小事开始。有些人觉得做大事者怎么能天天做一些鸡毛蒜皮的小事儿呢？其实，这是一种好高骛远的论调。古人早已有云："一屋不扫，何以扫天下？"可见，连小事都不想干或干不好的人，是不可能干成大事的。所以，想做大事者，应务实一点，从小事做起，把每一件小事都做好。

　　耶鲁大学在美国众多大学中，就是务实的代表。从不夸夸其谈、好高骛远，更不会幻想着一夜之间能成为世界知名大学，而是把这个宏大的目标放在心中，从一件件小事做起：招聘好每一个老师，设置好每一科课程，讲好每一节课……把每一个细节做好，自然会一步步接近大目标。

　　做好一件小事并不难，相信很多人都能做到。但并不是每个人都愿意去做。首先是他们觉得做这些小事不能展现他的才华和能力；其次是天天做小事，长期做小事，未免单调重复、枯燥乏味，很少能够有人不厌其烦日复一日地做。因此，脚踏实地、一步一个脚印地每天都能把小事做好者少之又少。那些做不好小事却整天做着春秋大梦的人，常常一事无成；而那些能做好小事的人，则走向了成功。

　　你身边或许有这样的例子：许多有才华的人往往生活得并不怎么如意，

而许多资质平平的人却过得悠哉乐哉。这是为何？因为那些有才华的人不屑做一些小事，不能够脚踏实地地把小事做好。由于小事做不好，因此他们也做不成大事。最终一事无成的他们，只能慨叹命运无常、造化弄人、怀才不遇，甚至导致他们心灵的扭曲。

陈铎是一个有冲劲、有想法的年轻人。在一家公司工作了三年之后，不满现状的他当起了老板，自己开了一家公司。凭着他的聪明能干，公司很快就实现了盈利，发展前景非常好。

看到自己这么快就取得了成功，激起了陈铎更大的野心。于是，他决定不再做那些小单子，不再和那些小客户合作，而是要做一些大单子，这样一笔生意的利润就比十个小客户加起来还要多。

打定主意后，他就开始着手去做了。当一位长期合作的小客户给他打电话，打算进购一批商品时，陈铎说："你每次都要这么点货，我的利润没多少，还麻烦得要命。这次你多要点货吧，不然你就找别家合作吧。"

对方听到陈铎的话，愣了一下，说："我们是小公司，资金转不开，每次只能拿一点货，你就给我们一点吧。"

"抱歉！等你做大了再找我们合作吧。"陈铎说完就挂断了对方的电话。

就这样，陈铎拒绝了好几个小客户，每天只等着大客户上门。但是大客户毕竟少，一个月只有几个，不足以养活他们公司。而原来的那些小客户早就被他赶走了，又没有新的小客户上门，因为大家都知道他的公司只和大客户合作，而许多大客户却觉得他公司的实力还不够大，并不是很愿意跟他合作。没几个月，他的生意就一落千丈。

这个情况让陈铎始料未及，他原本想干一番大事业，没想到大事业没干成，公司却到了快要关门的地步。

陈铎失败的原因是什么？正是小事都没做好就急于做大事，结果大事没做成，小事也没机会做了。在商界，"莫以利小而不为"是人人都懂的道理，但陈铎却忘记了这个道理。不屑于那些小客户，甚至赶跑小客户，在行业内留下了不好的口碑，而他的实力却不足以接到更多的大客户订单，所以最终公司经营惨淡不足为奇。

明智的生意人从来都不会拒绝任何一笔小生意，因为他们知道，积累才能变得富有。所以我们也应该明白：要从小事做起，逐步壮大自己的实力，才有能力做成大事。

美国有这样一位年轻人，他雄心勃勃地想干一番事业。不过他现在只是一个石油工人，本职工作就是检查石油缸盖自动焊接得是否严密，以确保石油的安全。他每天都盯着同一架机器，这架机器每天要做几百次同样的动作：石油罐通过输送带送到旋转台上，紧接着焊接剂自动滴下，然后沿着盖子回转一周，最后，石油罐下线入库。监控这道工序不出任何差错，这就是他每天的工作职责。

这个工作乏味吗？非常乏味。年轻人也无法忍受这简单而又枯燥的工作，他觉得自己的能力做这样的工作是一种浪费。做这样的工作何时才能实现自己远大的理想呢？于是他便去找上司请求调换工作。

上司看着他，只说了一句话："这份工作是很简单枯燥，但如果你能把这份工作做好了，将来一定能做大事。"

上司的话让他琢磨了很久：把简单的事情做好才能做大事，或许上司说得有道理。于是，他不再胡思乱想，开始静下心来一丝不苟地做自己的工作。

在一天又一天的重复工作中，他注意到一个非常有规律的细节：在机器上百次重复的动作中，罐子每旋转一次，一定会滴落39滴焊接剂，但总会有那么一两滴没有起到作用。他想，如果能将焊接剂减少一两滴，长期下来一定会节省不少。有了这个想法后，他开始研究。终于在长期的摸索中，他研制出了"37滴型焊接机"。

这个焊接机起到了什么效果呢？公司每焊一个石油罐盖，便会节省一桶焊接剂，一年下来，能给公司带来每年五亿美元的新利润。

这个年轻人后来果然成为了一个大人物，成为了掌控美国石油业的石油大亨，他就是约翰·戴维森·洛克菲勒。

洛克菲勒刚开始时也很不屑于做小事，但经过上司的点拨很快醒悟了——做不好小事者将很难成大事，于是他兢兢业业地努力把小事做好，同时在小事中发现了做大事的机会，最终成就了自己的事业。

然而在现实生活中，很多人却不能像洛克菲勒这样满足于做小事。他们总是这样抱怨：

"我又不是来打杂的，成天让我做这些乱七八糟的小事！""我是主管，怎么能让我做这些普通员工做的事情呢！""我不想做这样的工作，一点价值和意义都没有，简直是浪费我的才华！"

我们在抱怨的时候有没有想过：为什么别人让我们做这些小事？正是因为你现在还不具备做大事的能力，所以才让你做小事，慢慢锻炼。我们都知道"磨刀不误砍柴工"的道理，不把基本功打好，给你一件大事你也应付不来。那些公司的高层并不是一开始就被上司赏识并委以重任的，他们也是从琐碎的工作做起的。就是因为他们在这些小事上付出了更大的耐心和努力，才得到了做大事的机会。

如果耶鲁在刚刚成立时就梦想着世界名校那种呼风唤雨的日子，而不是踏踏实实地做好每一件小事，它很难像今天这样做成这么多件大事。

一个人的成功都是从完成一件件小事开始的，不敷衍和怠慢任何一件小事，最终一定能成就一番大事。关于这点，我国古代的老子也曾说过："天下大事，必作于细。"对创业者来说，不嫌弃每一分钱，才能获得更多财富；对职场人来说，不厌烦每一样具体的工作，才能得到升职加薪的机会。这就是务实的人生态度，用这种态度面对生活，把每一件小事做好，最终你一定能成为生活的大赢家。

再伟大的理想，也要一步步实现

中国有这样一句古话："不积跬步，无以致千里；不积小流，无以成江海。"这句话告诉我们没有什么事是一蹴而就的。无数的事实也验证了这句话。如耶鲁大学，从一所普通的大学发展为世界知名大学，用了长达两三百年的时间，经过了几代人的努力，才实现了自己的目标。

不仅是耶鲁大学，那些取得较大成就的人，也不是一夜就居于高位，他们更不可能拥有一步登天的本领。例如那些明星，我们或许以为他们是一夜爆红的。其实不然！成功背后他们为这一天的到来不知努力了多久。

因此，没有谁的理想是一下子就能实现的，都要经过一步步的奋斗过程。

可是，有些人却不这么想。他们觉得一步步实现自己的理想那是愚蠢的人才会走的路，聪明人就应该用最短的时间实现自己的理想。他们总想着马上就能赚大钱，却不愿意从赚小钱开始，然后积少成多。还有一些人觉得一步一步实现自己的理想实在是太辛苦了，还是寻找点捷径吧，于是四处打探歪门邪道或浑水摸鱼。这些人最终会怎么样呢？他们会被现实教育：一步一步实现自己的理想的确需要很长时间，但想一下子实现自己的理想却更是难上加难。事实证明想要一步登天者，会摔得更惨。

再伟大的理想也要一步步实现，因为现实与理想总有一段距离，甚至这距离很长很长。所以，我们必须要用脚步去丈量现实与理想之间的距离，而且只能一步一步地去丈量。

愿意去一步步实现自己理想的人，才是真正热爱自己理想的人。因为他们愿意为理想付出努力，并甘于承受辛苦的过程，同时也很享受这个过程。这些人凭借着自己对理想的热爱，最终一步一步实现了自己的理想。而那些不愿意经历一步步实现理想过程的人，并不是真正热爱和忠于他们的理想，他们只是渴望享受成功时刻的感觉罢了。

因此，对于理想的实现，不要抱有一步登天的幻想，应该脚踏实地一步一步走好脚下的每一步路。

亚度尼斯从小就有一个远大的理想，长大后考入西点军校，成为一名优秀的军人。8岁时，他接过父亲在西点军校时的佩剑，开始了对军人理想的追求。小亚度尼斯并不知道这个理想该如何实现，但他的父亲告诉他理想是要一步步去实现的。因此，他为小亚度尼斯制定了一个实现理想的计划，并带领他一步一步去做。

亚度尼斯12岁时，和姐姐一起随父亲来到中东。这对一个12岁的男孩来说，是一次美妙的探险经历。波斯和亚历山大大帝的战争故事激起了他的想象力，这次经历培养了他的英雄气概，使他更强烈地想成为一名军人。

从中东回国后，他的父亲把他送到了瓦利福奇军校学习。亚度尼斯不明白父亲为什么要这么做，他对此很是不解："我的理想是西点军校，不是这里啊！"

父亲说道："没错，你的理想是西点军校。但要想进西点军校，必须首先在这所军校开始训练。从现在开始起不断地努力训练，才有可能在将来的某一天进入西点军校学习！"

亚度尼斯点了点头，说："我明白了。"

在瓦利福奇军校，亚度尼斯从最基本的训练开始，日复一日地刻苦学习和锻炼，最终以全校第一名的优异成绩毕业。随后，他又于进入乔治谷军校，继续为了梦想而磨练自己。从这里毕业后，他终于考取了他梦寐以求的西点军校，实现了他最终的理想。

亚度尼斯的理想，是通过长达十几年一步步的努力才实现的：先后进入两所军校学习，历经多年锻炼，最终才进入自己理想的西点军校。可见，不经过努力，就不可能实现理想，没有人能够逾越这个努力的过程。不管你现在的起点是什么，只要你愿意一点一点去努力，不偷懒、不怕苦，不中断努力，那么，你总会离你的理想越来越近。

但是有些人却说："我也有理想，也愿意一步步去努力，也这么做了，为什么理想还是那么遥远呢？"这是因为，你没有走对和走好这个努力的过程，所以看似你好像也在一步一步朝理想迈进，但最终却抵达不了理想的彼岸。

对这样的人其实只要做好以下两点，同样也能一步一步实现理想。

首先，要有明确而又坚定的目标。有些人为什么努力了很久却无法实现理想？首先要看一看你的目标是否明确而又坚定。有些人当下做的事情和他要实现的理想并没有太大的关系，所以做来做去其实都在做无用功；还有些人今天想成为这个，明天想成为那个，目标总在变化，这样的人也无法实现理想。因此，理想必须要明确而坚定，树立一个清晰的目标并坚定不移地去实现，这样付出的努力才会收获成功。

其次，要有计划地去实现目标。所谓伟大的理想要一步一步地实现，就是说实现理想也要有步骤和方法，否则不知道每天要做什么，这样只会浪费时间。就像亚度尼斯的父亲为他安排的那样，他的每一步都在有计划地实施，每一步都没有浪费，所以他才能实现了自己的理想。因此，制定一个可行的计划，按照这个计划去迈出你的每一步，是实现理想的前提。

不管你的理想多么伟大、多么绚烂，都要一步一步地实现；不管你天赋多么聪颖、多么过人，都得一步一步去付出努力。脚踏实地一步一个脚印地实现理想，这是所有追梦者的必经过程。

不要急于求成，十年才能磨一剑

　　现代社会中的人，谁不想成功，谁不想尽快成功？想成功没有错，但想急于成功就有些急功近利了。急功近利似乎是现在很多人的普遍心理，这种心理和社会的大环境有关，也是我们人性的弱点。人类都想用最少的代价得到最多的东西，所以，都想在最短的时间内获得成功。可偏偏成功这东西很执拗，不肯轻易降临到某个人的头上，一定会对你折磨一番、考验一番，然后才会和你相遇。

　　但有些人承受不了这样的折磨，经受不住这样的考验。他们不停地问自己："为什么我努力了这么久，却还是一个小职员？""为什么我付出了这么多，最终还是失败了？""为什么我等待了这么多年，还是没有成功？"为什么？其实没有为什么，或许只是成功的时机未到而已。

　　时间是个很公平的东西，它在冷眼旁观，看谁努力够了就让他成功，看谁投机取巧、偷懒耍赖就让他摔跤。时间到了，就会成功，这时间是多久？俗话说"十年磨一剑"，不是说必须奋斗十年你才能成功，而是说成功一定不是个很短的过程。获得成功的时间究竟需要多久，要看你的理想有多大，要看你努力的程度有多大。

　　为什么耶鲁最终成为了世界知名大学，因为时间看他"磨了几百年的剑"

了，再不让它登顶对它太不公平了。因此，时间垂青了脚踏实地的耶鲁。

不要总想着马上成功，要看看你的剑磨好了没有。没成功，有可能是剑没磨好，因此，就不要在那里感叹命运的不公，感叹也只是徒劳，不如沉下心来继续磨剑。抬头望天，不如低头走路，只问耕耘不问收获，这样你才会更容易接近成功。所以，不要急于成功，踏踏实实地学习、工作，才是最理性的态度。

有一个人同时栽下了两棵小树苗。第一棵小树苗拼命汲取营养并储备起来，滋润自己身体的每一部分，默默积蓄力量，计划着怎样完善自身，更好地生长。另一棵小树苗也拼命地从土壤中吸收养料，凝聚起来，可它却天天盘算着哪天能开花结果。

到了第二年，第一棵树苗吐出了嫩芽，憋着劲向上生长；另一棵树苗刚长出叶子，便迫不及待地挤出花蕾想要开放。后来，第一棵树苗慢慢长出了枝叶，身材茁壮，成了一颗果树，但是还没开花；而另一棵树苗的树干虽然没有第一棵树那么粗壮，但是已经结果子了！这让它的主人特别吃惊：同时栽的两棵树，这一棵怎么长得这么快呢？于是，他连忙摘下一个果子尝了一口："呸！"主人才尝了一小口就赶紧吐了出来，实在太酸涩难吃了。

而另一棵果树呢？现在刚刚吐出花蕾，它的花蕾又大又漂亮。然后，它慢慢结出了果实。由于养分充足，身材茁壮，它的果实饱满而味美。主人摘下一颗尝了一口，不禁赞不绝口："嗯，真甜啊！"

为什么同时栽下的两棵果树，结出的果实却不一样呢？道理很简单：那棵先结果的果树太着急，急于开花结果，但果实里的养分不够，因此果实酸涩。而另一棵果树按照植物生长的规律发芽、长出枝叶，开花、结果，没有缩短任何一个过程，每一个阶段都准备充足，汲取了足够的营养，因此，结出的果实自然香甜可口。

看来，植物也需要耐心等待，充分酝酿，历经每一个生长过程，才能结出甜美的果实。所以说植物也需要十年磨一剑，这不仅是人类的规律，也是整个大自然的规律。急于成功者看似比他人步伐迈得更快，但最终却只能以失败告终。例如那棵只想尽快开花结果的果树，虽然果实结得早，但却不能吃。所以，急于成功者反而不成，耐心等待者终将走向成功。可见，脚踏实地、厚积薄发，才是理性的生存态度。

法国著名作家莫泊桑小时候曾拜福楼拜为师。福楼拜看了看他的作品，对他说："我看了你写的东西，你有些才气。但成功不是只有才气就够的，你还需要长期坚持不懈地磨练，你要好好努力呀！"

莫泊桑点了点头。于是，福楼拜就开始训练和指导莫泊桑写作。

这一天，福楼拜带莫泊桑去一个公园玩，回来后要莫泊桑写一篇文章，要他描述公园里看到的一个小孩，描述时只能用一个名词来称呼、用一个动词来表达、用一个形容词来描绘，并且所用的词都是别人没有用过的。这样的要求让莫泊桑很是为难，但他还是严格按照老师的要求去做了。他写了改，改了写，反反复复改写了很多遍，直到福楼拜满意为止。

在福楼拜的指导下，莫泊桑的写作水平进步很快。后来，他开始尝试写剧本和小说，写完就请福楼拜指点。福楼拜总是指出一大堆缺点，这让莫泊桑非常受挫，但他还是耐心地去修改。修改后莫泊桑想寄出发表，福楼拜却不同意，说："这么不成熟的作品，怎么可以发表呢？"

渐渐地，莫泊桑写了很多稿子，堆起来竟有一人多高。但福楼拜还是不让他发表，这让莫泊桑非常郁闷：自己已经30岁了，可在文坛上还是默默无闻。为此他有些着急，非常想看到自己的作品早日问世。

这一年，他又写了一部短篇小说，并拿给福楼拜看。福楼拜读完这篇小说后非常兴奋，他激动地说："是时候了！等了这么多年，你的作品终于可以发表了！"

这部小说名就是《羊脂球》，一经发表，立刻轰动全国，震惊了法国文坛，莫泊桑一举成名。

莫泊桑很有文学天分，写的作品也很不错，但福楼拜却不让他发表，而是让他坚持不懈地练习，让他一直努力到30多岁才发表了自己的第一部小说。福楼拜为何要让他这样做？难道是故意压制他吗？当然不是！福楼拜这样做的目的，是想让莫泊桑好好耐心地打磨自己的写作功底，这样作品拿去发表才会一举成功。

福楼拜对莫泊桑的训练，和我们所说的"十年磨一剑"有异曲同工之处。想成功者，要有耐心跋涉的精神，要有十年磨一剑的韧劲，要有脚踏实地的理性态度，然后厚积薄发。

耶鲁用了300年的时间才磨好了自己的这把"剑"。在这个过程中，它从不焦虑，从不急躁，哪怕一时落后于人，也仍然耐心地磨着自己的"剑"，只是为了能在将来的某一天脱颖而出，成为举世瞩目的名校。

人生是一场马拉松赛跑，而不是一场百米比赛。因此，放下焦躁的情绪，不要急于成功，因为越是急于求成，越容易拔苗助长，不如踏踏实实走好每一步，积蓄力量，等待厚积薄发！

想要厚积薄发，勤奋是唯一的途径

要想实现梦想，就要脚踏实地，务实生活，做好一件件小事，一步一步去实现自己的梦想，在这个过程中不断积累自己的经验、提升自己的能力，等待厚积薄发的那一天。而在这个过程中，我们的身上必定缺少不了一种品质——勤奋。

勤奋在追求梦想的过程中究竟有多重要？看看韩愈是怎么说的："业精于勤而荒于嬉，行成于思而毁于随。"而达芬奇则说："勤劳一日，可得一夜安眠；勤劳一生，可得幸福长眠。"可见勤奋对这些名人和伟人来说至关重要，名人和伟人理想的实现也离不开勤奋。的确，这世界上没有天生的天才，所谓天才就是那些勤奋努力的人。

做什么事都离不开勤奋。台湾大企业家王永庆曾说："天下的事情没有轻轻松松、舒舒服服让你获得的。凡事一定要经过苦心的追求，才能真正了解其中的奥秘而有所收获。"苦心追求的过程其实就是不断叠加勤奋的过程，想要有厚积薄发的那一天，就要不断地勤奋努力。勤奋是厚积薄发的唯一途径。

耶鲁图书馆里乌压压的一片身影，不就体现着耶鲁人的勤奋吗？耶鲁实验室里一夜未曾合眼的教授，不就体现着耶鲁人的勤奋吗？耶鲁会议室里，耶鲁的领导开着一次又一次的会议，不就体现着耶鲁人的勤奋吗？

大家都在勤奋努力，成功不是等来的。只要愿意勤奋做事，世界上就没有什么难事。正如我国古人所言："天下事有难易乎，为之，则难者亦易矣；不为，则易者亦难矣。"而我们在歌里也常这样唱道："没有人能随随便便成功……"要想在某个领域取得一番成就，就必须使出全部能量，勤奋努力，刻苦付出，然后才能厚积薄发。

然而，许多人并不愿意去勤奋刻苦，他们身上的惰性战胜了勤奋，总是幻想着不劳而获或一夜成名，幻想天上能掉馅饼。结果呢？自然是白日做梦、愿望落空、一无所获。正所谓"台上一分钟，台下十年功"，每一个成功者美丽光环的背后，都离不开辛勤的汗水。因此，没有别的路可走，勤奋是厚积薄发的唯一途径。

让我们一起来看看一个挖沙工人是如何通过勤奋努力成为一名博士的：

哈特葛伦曾是一个挖沙工人。别人曾问过他："你是如何从一个挖沙工人成为一位博士的？"

他说："如果你每天都能花10分钟的时间去学习某方面的知识，那么，几年后你就会成为这个领域的专家。"

他就是这么做的。年轻时他是一名挖沙工人，单调而又枯燥的工作使他萌发了成就一番事业的想法——他想成为研究南非树蛙的专家。但他的学历很低，而且没受过这方面的教育，所以不具备这方面的才能。为了实现自己的理想，他开始一点一点地努力，他几乎把所有的时间和精力都用在了他的研究上。

他每天都要收集标本、做笔记，不论刮风下雨，他都坚持。勤奋努力的他终于找到了南非树蛙的生活规律，并从这些蛙类身上提取了世界上极为罕见的能预防皮肤伤病的药物，从而一举成名，获得了某著名大学的博士学位，并成为美国《时代》周刊的封面人物。

当记者问他"如何从一个挖沙工人成为一位博士"时，他说："勤奋，唯有勤奋，长期不懈地勤奋，才有厚积薄发的力量。"

是的，量变才能引起质变，厚积才能薄发。所以，没有勤奋的努力是不可能实现质变和薄发的。"一分耕耘，一分收获"，成功离不开汗水，丰硕的果实离不开勤奋的种子。那些终日与懒惰为伍，每天混日子的人，是不可能有厚积薄发那一天的。因此，面对想要实现的目标，别再幻想成功会从天而降，只有用勤奋的汗水浇灌梦想的种子，才能让理想之花绽放。

就连前世界首富比尔·盖茨也是勤奋的代言人。

比尔·盖茨从读书时起就是个勤奋的人，工作后他就成了个彻头彻尾的"工作狂"。微软公司刚刚创办时，他每天都要工作16个小时以上，累了就睡在地板上，在地板上睡惯了，躺在床上反而睡不好。他从来就没觉得自己的智商有多高，而是觉得事业成功唯有依靠勤奋的工作。

兴许是比尔·盖茨树立了勤奋的榜样，他的员工也没有游手好闲的，在工作时间里没有人偷懒，没有人请假，勤奋的工作已经成为他们的习惯和使命。

比尔·盖茨说："为了一项工作，我可以一天工作24小时。"

所以，比尔·盖茨才成了当时世界上最富有的人，而他的微软公司则成了当时世界上最富有的公司，员工们很多都是百万富翁、千万富翁乃至亿万富翁。这些人的成功没有什么秘籍，勤奋是不可缺少的条件。

有多少人羡慕比尔·盖茨的成功，把他的成功当作津津乐道的谈资，却很少有人谈起他成功背后的付出。比尔·盖茨付出的汗水，远比其他人多得多，这才是他成功的真正秘诀。微软里员工辛勤埋头苦干，这才是微软公司领先于市场的主要原因之一。所以，别只是一味地羡慕某些人的成功，而是要看到他成功背后的努力。

如同今日的耶鲁，不要只看到当下耶鲁的辉煌，而是要想想耶鲁人是如何依靠几百年坚持不懈的勤奋努力，才取得如今成就的。

每个人都有惰性，谁能战胜自己的惰性，谁能用勤奋代替惰性，用辛勤的汗水默默浇灌理想之树，谁就能战胜各种先天的或者后天的障碍，到达理想的彼岸。趁着年轻，付出你的勤奋，等待厚积薄发的那一天。

这样的奋斗过程听起来可能有些艰辛和不易，但其实却是痛并快乐着的，正如王国维先生在《人间词话》中描述的那样：成功必须经历三个阶段——衣带渐宽终不悔，为伊消得人憔悴；昨夜西风凋碧树，独上高楼，望尽天涯路；众里寻他千百度，蓦然回首，那人却在灯火阑珊处。

是的，当你用勤奋的汗水熬过了痛苦、寂寞之后，回头看看，你会为自己当初的不懈努力而感动不已。厚积薄发离不开勤奋，从现在起，拒绝懒惰，让自己勤奋起来吧！

想要有所成就的人，永远不会说没时间

要说这世界上什么东西最公平，那就是时间——一年365天，一天24小时，每个人都一样。但是在这同样的时间里，有的人却做出了辉煌的成绩，有些人却一事无成。为什么会这样？

听听某些人的说辞吧："让我学习、看书？我哪有时间啊！""上班时间我的工作都做不完，回家哪有时间啊！""我忙死了，没时间！"总是抱怨没时间，这样的人似乎比总理还忙。但是，他忙出什么结果来了吗？并没有。

我们再看看另一些人的生活状态：上下班途中，交通拥挤不堪，塞车时他坐在公共汽车内感叹："好无聊啊，什么时候车才能开啊！"晚上，他把几个小时的时间都泡在网上，看这看那，一晚上一无所获；星期天，睡到日上三竿才起床，然后在无所事事中度过了整整一天。

看看这两种人，前者，忙，没有时间；后者，闲，浪费时间。前者真的没时间吗？看到后者，就找到了答案。鲁迅先生说过"时间是挤出来的。"的确，时间就是挤出来的，只要愿意去挤时间，懂得利用时间，你永远都有时间。

在公车上塞车的时候，为什么不能看会儿书呢？为什么不去思考些问题呢？为什么要让自己处于无聊等待的状态呢？工作的时候为什么不能效率高一些呢？这样不就可以节省不少时间吗？晚上有两三个小时的时间，犹如半个工作日，为什么都要在手机游戏中消磨掉呢？双休日整整两天的时间，为什么都要在睡觉玩乐中度过呢？

　　看来，不是没时间，没时间只是你给自己的懒惰、拖延寻找的借口罢了。一天中，除了工作、吃饭和睡觉，还有许多细碎的时间，也许一小时，也许半小时，甚至可能是十分钟。如果你能把这些碎片时间都利用起来，做点什么、学点什么，那么长期坚持下来，你一定会取得不小的成就。

　　爱尔斯金有很多头衔：诗人、小说家、小提琴家……他是怎么取得这样大的成就的？这要从爱尔斯金的老师卡尔·尔华德说起。

　　有一天，卡尔·尔华德给爱尔斯金上课时，忽然问他："你每天用来练习小提琴的时间有多少？"

　　爱尔斯金说："大约三四个小时。"

　　"你每次练习，时间都这么长吗？"老师继续问道。

　　"对，我觉得这样才能拉好小提琴。"

　　"不，不完全是这样的！"卡尔说，"不是每天都有这么长的空闲时间给你练琴。所以你要从现在就养成习惯，只要有几分钟空闲时间就要练习。比如早上起来、午饭以后、工作的空档，只要有一点点的闲暇时间，哪怕是10分钟、5分钟，都要去练习。抓紧一切零散时间练习，不浪费任何一小段时间，你会发现每天可以练琴的时间有很多很多。"

　　老师的话让爱尔斯金恍然大悟，他发现果真如此，每天浪费掉的空闲时间真的很多啊！于是，他开始按照老师说的去做，他发现不仅练琴的时间多了起来，他还有了时间做其他事情。例如他一直钟爱写作，在开会的间隙、等待吃饭的时间、坐车的时间，他都会写上短短几行。他再也不像以前那样总是觉得"没有时间"，现在他每天都觉得生活很充实。几个月之后，他竟然写出了厚厚一叠稿子，他用这种方法创造出了长篇小说和许多诗歌。虽然他的工作繁忙，但每天都有很多可以利用的小小间隙。

　　就这样，爱尔斯金最终不仅成为了一个优秀的小提琴家，还成为了一个优秀的文学家和小说家。

爱尔斯金成功的秘诀是什么？就是充分利用零散时间，一有空闲就好好利用起来，永远不说自己没时间。时间对我们每个人都是一样的，但为什么有些人总说没时间，而有些人总是有时间？就是有人懂得利用时间，他们把零散的时间用来做很多事情，零散的时间积累多了就会有很多时间。同样，一天做一点小事，时间长了就能做成一件大事。

看看那些有所成就的人，他们很少说自己没时间，而是会说"我尽量安排时间"，而那些无所事事的人，却总说自己没时间。所以，有所成就者越来越成功，无所事事者越来越平庸。如果你不想沦为平庸者，那么从此以后别再说自己没时间。人永远不会没时间，除非死去的那一天。活着，就要利用好每一分钟，做自己想做的事、做有意义的事。

你认真对待时间，时间就会认真回馈你；你珍惜时间，时间也会报答你。所以，别总说没时间，别抱怨命运的不公。决定你是平庸还是卓越的，不是命运，而是你是否好好利用了时间。时间就是上天赐给我们最宝贵的财富，你利用好了时间，就是在投资财富，而你也终能得到更大的财富。

在耶鲁校园里，总是看到学子们急匆匆的身影。他们为何如何行色匆匆？其实，他们是在挤时间，用时间的空档来做他们想做的事情。

懂得规划人生的人，是懂得珍惜时间，把时间用来做事情，而不是用来感叹人生。这些人知道什么时间做什么事，懂得掌控时间，做时间的主人，而不是时间的奴隶。不要认为几分钟没什么用，充分利用这些不起眼的琐碎时间，就是取得卓越成就的秘诀之一。美国汽车大王亨利·福特曾说："大部分人都是在别人荒废的时间里崭露头角的。"鲁迅也说过："哪里有天才，我是把别人喝咖啡的工夫都用在工作上的。"

因此，永远别说没时间，而是要集中时间做重要的事；分配时间，做应做的事；挤出时间，做想做的事；不要浪费时间，做没有意义的事。

接下来，别再犹豫，利用好每一分钟，马上去做有意义的事，天天如此，年年如此，学会掌控时间的你，终将会迎来厚积薄发的璀璨时刻！

第五章

"敢于怀疑、接受质疑"者,更能够与时俱进

怀疑外界和接受外界的质疑似乎都是不容易做到的——怀疑外界需要胆量,接受外界的质疑则需要勇气。所以,这两者都是难能可贵的。怀疑外界是主动开拓创新的一种表现,接受他人的质疑和批评,然后反省自己、改变自己,也是一种创新。这两者都是勇敢的突破自我,也是耶鲁大学的精神之一。一个人或一所大学不管多么普通,都要敢于去怀疑一切,因为怀疑才会拥有创造力,而创造力将决定你是否能告别平庸,步入伟大的行列;一个人或一所大学不管多么优秀,总是有不足之处,所以要勇敢接受别人的批评和质疑,这样才能有不断进步的空间。所以,我们要大胆怀疑一切,勇敢接受质疑,敢于否定自我,不在别人的质疑声中退缩,这样的你一定会拥有非凡的创造力和战胜人生的武器!

怀疑不仅是对过去的否定，更是对未知的探索

怀疑精神是科学精神的重要内涵。想要勇敢突破、开拓创新，就必须具备怀疑精神。但此"怀疑"非"彼怀疑"，这里的怀疑不是无缘无故地猜疑，而是质疑，不轻信。

究竟"怀疑"是不是一种好的品质？关于这一点，我们不能一概而论。无端地怀疑、对什么都猜忌，或者只怀疑而不去验证自己的怀疑是否正确，这样的怀疑是没有意义的，甚至可以说，是纯碎在耽误时间。

但是，盲目地认同一切，也并不是一件好的事情。认为别人说什么、做什么都是正确的，从不去怀疑，一味地加以认同和接纳，这种观点显然也是欠妥的。这样会把一些错误的东西都当成正确的，从而会失去发现问题、改正错误以及开拓创新的机会。因此，我们是需要怀疑精神的，因为怀疑不仅仅是对错误的识别，更是对正确的寻找；怀疑不仅仅是对过去的否定，更是对未来的探索。

如果没有怀疑精神，社会制度不会一次次地更替；如果没有怀疑精神，科学家不会一次又一次推翻前人的论证；如果没有怀疑精神，许多新技术便都不会改良创新；同样，如果没有怀疑精神，我们也不可能会抛却昨天的自己，追求新的自我。由此可见，怀疑精神引领我们不断创新、不断进步。

耶鲁大学在传播人类文明的同时，也十分重视怀疑精神，主张学生们不要一味认同老师的答案，要敢于质疑权威。因为在耶鲁看来，没有谁的答案是绝对正确的，也没有什么事情是只有唯一答案，因此鼓励同学们大胆怀疑，然后去寻找正确的结论。可见，耶鲁大学本身也是一所具有怀疑精神的高校，它从不轻意听从别人的意见，而总是会问一问："为什么？是这样吗？"

耶鲁大学不仅敢于怀疑他人，也敢于怀疑自我。耶鲁人时常会反问自己："我们的想法和做法就是正确的吗？"怀疑精神就是这样一路带领着耶鲁大学不断去探索、去追求、去创新。

有这样一位伟大的哲学家，他本人也是怀疑精神的代表人物。

在一次课堂上，哲学家苏格拉底拿着一个苹果站在讲台上问大家："你们闻到了苹果的香味吗？"

一位学生马上举手回答道："我闻到了，很香很香的香味儿！"

苏格拉底走下讲台，举着苹果慢慢地从每个学生面前走过，又一次问道："大家再仔细闻一闻，空气中有没有苹果的香味儿？"

这时，好多学生都纷纷说道："有，有！"

苏格拉底继续绕教室走着，又重复了一遍相同的问题，除了一个同学没有吭声，其他所有的同学都肯定地说闻到了苹果的香味儿。

苏格拉底走到了这个始终没有吭声的学生面前问道："大家都闻到了苹果的香味儿，难道你没有闻到吗？"

这位同学肯定地说："我真的没有闻到香味！不是我的鼻子出现了问题，就是他们在说假话。"

苏格拉底对他点了点头，说道："很好！"，然后大步走向讲台，大声对大家说："他是对的，这个苹果确实没有香味儿，因为这是一只假苹果。难道你们没有一个人怀疑这是一个假苹果吗？"

大家都不好意思地低下了头。那位怀疑是假苹果的同学就是后来大名鼎鼎的哲学家柏拉图。

我们不敢说是怀疑精神使柏拉图成为了一代哲学家，但敢肯定柏拉图具有他人所没有的怀疑精神。怀疑精神就是不盲从，敢于质疑别人的言论，讲求"实事求是"，主张"去伪存真"，具有独立的批判性思考能力。

怀疑精神是许多科学家们的共性特征。马克思的座右铭就是"怀疑一切"，这句话道出了科学的真谛以及思维的本质，也揭示了人类进步的普遍规律。如果马克思没有对古典经济学提出质疑，就不可能建立马克思主义经济学；如果毛泽东没有对在中国照搬"十月革命"提出质疑，就不可能创建"农村包围城市"这一伟大的革命思想；如果爱因斯坦没有对牛顿力学的质疑，就不可能建立相对论；如果乔布斯没有对苹果现状的质疑，就不可能出现iPhone4S……这一切都说明，没有怀疑精神，就没有今天人类社会的文明与进步。

"尽信书不如无书"，没有什么观点是百分之百正确和可以完全照搬的。我们要像耶鲁大学一样，不受传统观念的束缚，敢于提出问题和大胆质疑，在质疑的基础上，推翻旧传统，开拓新路。"孔子进太庙，每事问"，不仅仅是孔子的谦虚，同时也是他的一种"怀疑"精神的体现。

怀疑的伟大之处就在于：它不仅仅是一种对已知事情的质疑，更是一种对未知世界的探索。因为怀疑是在我们习以为常的事物中发现不寻常的东西，在"大家都认为对的观点上"提出自己独到的看法，同时向大家阐述正确的理论。

耶鲁鼓励师生在寻求真理的过程中，先假设，再大胆质疑自己的假设，推翻自己的假设，接着探索出正确的结论。耶鲁大学的新生从入学之日起，学校就鼓励他们要用"显微镜"窥见本学科的本质和奥秘，也要经常用"望远镜"去掌握未来发展的方向及其他学科的进展。"显微镜""望远镜"代表的就是一种怀疑精神。

所以,在怀疑的基础上,耶鲁开启了开拓创新的路程。"在保守中发展,在传统基础上创新",浓缩的就是耶鲁的传统和不变精神。

虽然学术界有循规蹈矩的传统,耶鲁大学也有脚踏实地的传统,但耶鲁大学并未因此失去质疑和创新的激情,即使这样做是在向学术界的权威挑战,即使这样做会受到保守势力的打击,但耶鲁大学仍然始终如一地坚守着开拓创新、自由探索的精神。

能接受质疑和批评的人才有进步的空间

没有人喜欢被质疑、被批评，人们都喜欢听到赞美或褒奖，这是人的正常心理。被人质疑时，我们会本能产生一种逆反心理："为什么不信任我？为什么不相信我？"被人批评时，我们心里会非常不舒服，感到自尊心受损，觉得很没面子，所以会反唇相讥："你算什么？你有什么资格批评我？"

是的，被人质疑或批评确实会心生不爽。那么，我们该如何对待这些质疑和批评呢？真的要厉声反驳和质问对方吗？这样我们也许会解一时之气，但结果却只会令双方关系恶化，破坏对方对你的印象。因此，遭遇批评时最好不要咄咄还击，而是理性接受，并去思考对方为什么要质疑和批评自己，自己哪里做得不对、不好，怎么样才能改进，或是沉默，用时间、事实或行动去证明自己是对的。

人这一生不可能不被人质疑或批评，不管是伟人、名人或是平凡的草根，都不免会遭遇质疑或批评，甚至我们的一生都是伴随着别人的批评而逐渐成长起来的。不可否认，有许多批评都是正确的，因为人对自我的评价总是很难做到公正、客观，有时无法看到自己的不足和缺点，需要别人帮忙指正。所以，不管批评自己的人是谁，也不管他的真实目的何在，对方在客观上都间接地促进了自己的进步。

聪明的人往往能认识到这一点，因此，这类人一般都能欣然接受别人的质疑和批评，并把他人的批评当作自己进步的阶梯。这是一种修养、一种气度，也是一种智慧，这样的人怎么可能不获得进步呢？

张庆从小到大都是个优秀的人，工作后能力也很强，其优秀的工作表现受到了领导的肯定和赏识。张庆不免有些自大起来，言语之间总是觉得自己的决定才是正确的，也不喜欢与人合作。

渐渐地，同事们对他都变得有些微词。工作中，当同事对他的一些工作方法提出一些不同意见时，他总是不屑一顾，甚至觉得自己的工作能力是得到领导认可的，同事有什么资格来指导自己呢？

因为张庆的自大，同事们都慢慢地疏远了他，在工作中不愿意配合他，致使他的工作很不顺利。张庆对此很不满意，于是去找领导理论。

领导对这一切早就有所耳闻，于是试探地问他："你现在来向我诉说同事的不满，你可知道许多同事都在批评你的工作态度，你能接受他们的批评吗？"

张庆没想到领导会这么问他，连想都没想就回答道："我有什么好批评的，我工作不努力吗？我的工作能力不强吗？我不知道他们对我有什么不满的。"

"工作能力强就代表你没有缺点吗？就代表你什么都是对的吗？同事提的意见有时是为了让你变得更好，为什么你不能虚心接受呢？别人的一点批评你都接受不了，心胸狭窄的人怎么可能有大的成就？"领导情绪颇有些激动。

"我……"张庆顿时语塞，面红耳赤的他一时间竟不知如何作答。领导的这番话，他平时确实没有仔细想过。从小到大，优秀的自己从来都没有面对过批评，所以他并不知道该如何面对批评。或许真像领导说的，同事的批评是为了让他变得更好，而他，如果能接受批评的话，一定就会更加优秀。

经过深刻反思，张庆终于意识到了自己的错误所在。

一个被所有人都公认为优秀的人，是很难接受别人批评的。因为自傲充斥了他的心灵，而这样的人，很难再有大的进步空间。因此，一个想要不断进步的人，就一定要学会培养自己"善于接受批评"的情商。

其实，一个真正优秀的人，必定也是一个心胸宽广、内心豁达的人，这样的人反而能欣然接受别人的批评。所以，能否心平气和地接受批评，也是衡量一个人是否真的优秀的标准。一个人不管多么优秀都不可能是完美的，一定也有着这样或那样的缺点，但直面自己的缺点是需要很大的勇气，所以能有这种勇气的人往往具备了优秀品质的基因。

就像耶鲁大学一样，它的办学风格相对来说比较传统，主张"脚踏实地，厚积薄发"的稳健作风。这本没错，但长期坚持这种作风，使它显得有些保守、不敢冒险，所以，当其他大学和社会各界对耶鲁大学的办学风格质疑时，耶鲁大学刚开始也是有些难以接受这些批评的声音，但在冷静思考过后，耶鲁开始认真反省自己，渐渐接受了外界对他的批评和质疑，并着手弥补自己的不足，在坚持传统稳健的作风下，力求突破自我、开拓创新。

耶鲁大学对待批评和质疑时的态度告诉了我们：一所知名大学都能正视自己的不足，勇敢面对他人的质疑和批评，并理智接受外界的批评，积极调整与改变，更何况本身就有许多不足之处的平凡的我们呢？所以，我们要勇敢面对他人的批评和质疑，乐于接受别人的批评。只有这样，我们才能突破自我，获得进步。

所以，当遭遇他人的批评时，我们不必气急败坏，更没有必要浪费时间与他人争辩，因为这些都没有意义。不如把时间和精力用来思考对方的批评，让他人的批评成为你进步的阶梯，而不是绊脚的石头。

一个人突破自我是最难的，而接受批评往往是突破自我的开始。拥有这样勇气的人一定有着极强的心理承受力，而惟有这样的人，才能越来越优秀，人生道路才能越走越宽阔！

敢于"否定自我",时刻不忘塑造全新的自己

能接受他人的质疑和批评尚且不易,否定自我更是难上加难。这里说的"否定自我"并不是对自我的全盘否定,那样只会让自己陷入自卑的牢笼,而是说要敢于否定曾经取得的成绩,不让自己沉浸在过去的成绩里;要敢于否定曾经坚持的东西,因为那有可能是自己的一种自以为是;要大胆颠覆自己的观点,因为人要与时俱进,曾经的观点今时今日未必正确。

这样的否定自我不仅不是自卑,反而是自信的表现。因为人们质疑别人、否定别人、批评别人都很容易,但没有一定自信的人,是不敢轻易否定自我、颠覆自我的,只有具备了"相信自己会更好"信念的人,才敢于否定自我,而这样的人,往往具备了突破自我的能力和勇气。

即便我们拥有了接受他人质疑和批评的能力和勇气也是不够的,因为自己的不足和缺点别人未必能看到,即使看到了也不一定愿意告诉你。因此,我们自己要有自我批评的勇气、习惯和能力,要敢于找出自己的毛病,这样的人比敢于接受批评的人更有智慧,也更有进步空间,成长得也会更快。

凡是具有开拓创新精神的人都具备"否定自我"的能力,他们不但勇于接受他人的批评,还敢于大胆否定自我,甚至全然抛弃过去的自我,重新开始,塑造一个全新的自我。这样的人,在何时何地都不会丧失开拓创新的精神。

耶鲁大学不会甘于人后，它时常主动去反省自己存在不足，虚心学习其他大学的优势，取长补短，不断完善自己不断进步。在其他大学都推行"选修制"时，耶鲁也发现了"选修制"的好处，便大胆抛弃了过去那种循规蹈矩的想法和做法，实行了"选修制"，而这一制度为耶鲁的发展起到了良好的推动作用。

当然，否定自我是不容易做到的，首先要有一颗平常心、一颗谦卑的心，那些高高在上、自大自负、自我感觉良好的人是很难自我否定的。

王臻工作已经多年了，但是他还是一个小企业的普通职员。他一直认为自己聪明、能干、有才华，却总是时运不济、怀才不遇。看看一起毕业的同学们，虽然在学校里很平庸，但工作几年后倒也混得不错。这究竟是为什么呢？王臻对此百思不得其解。

他回忆了近年来的工作经历，发现在工作上自己并不是能力不如人，也不是不愿付出努力，而是人际关系出现了问题。自己的几次离职都是因为和同事，尤其是和上司相处得不愉快，或是不堪忍受不和谐的同事关系而愤然离职的。

这么一想他才意识到，问题不在他人身上，更不是什么时运不济，而是自己的原因。由于自己性格缺陷，才总是在与人交往时出现问题。那么，自己性格究竟有什么缺陷呢？他站在镜子前，看着镜子里的自己，开始历数自己的缺点：冲动、易怒、自尊心过强、有些内向、不善于融入群体。正是这些缺点，导致自己在与他人交往时出现了各种障碍。

这么一总结，他发现自己身上的问题还真不少。为此，他特意买来一些有关性格、心理方面的书籍，开始对照自己的问题进行了研究，这才知道一个优秀的人首先要善于控制自己的情绪，把握好自己的心态，否则就算能力再强，也很难施展。王臻觉得自认优秀的他其实一点都不优秀，过去在许多工作、生活上的看法都有失偏颇。他立志从现在起，要彻底改变昨天的自己，做个自信、乐观、淡然、豁达、合群的人。

接下来，王臻就通过种种方法修炼自己的心性。慢慢地，他发现自己的生活跟以前大不一样了——朋友渐渐多了，笑声也多了，同事们越来越愿意和他一起工作，领导对他也越来越欣赏，总之，一切都大为改观。

可见，我们不仅要敢于接受外界的质疑和批评，同时还要敢于否定自己。否定自己会得到更多，因为自己更了解自己，更愿意为自己而改变。有时候我们都不敢审视自己，因为我们内心知道，自己有很多不足，而人会本能地回避令自己不开心、不愉悦的事情，所以很少有人能正视自己的缺点，客观地看待自己。所以我们经常是带着不足而生活和工作着，如此一来，开拓未来、自主创新的脚步也就慢了许多。

所以，想要具有开拓创新的能力，先要大胆否定过去那个不好的自我，颠覆因循守旧或是错误的旧观念，跳出狭小的旧框，用一种全新的眼光去开拓未来，创造新的未来。

耶鲁大学也是这样做的。在办学过程中，它也曾经在传统保守和开拓创新中间徘徊，最终，它抛弃掉因循守旧、固步自封的一面，大胆地突破自我、开拓创新，最终才创造出来如今这个集现代、包容、开放于一身的耶鲁。

因此，自我反省，自我否定，自我完善是不断进步、开拓创新的过程，愿意去做并能够做好这几个步骤的人，才能够成为更优秀的自己。"金无足赤，人无完人"，否定自我一点都不丢人，相反是可敬的。与其等待别人指出自己的缺点，不如自己去主动质疑、自己否定自己。勇于正视自己的不足，是一个人走向成熟的开始。

所以，大胆地否定自我吧！随自身所处环境的变化，及时进行自我反省，从中悟到失败的教训和不足，并努力寻找改变的方法，这样的人永远不会输给命运，永远是一个成功的智者，永远能够塑造出一个全新的自己。

勇于面对批评，但不要在别人的质疑中退缩

我们说，要勇于接受批评，善于自我批评，这两种精神都是难能可贵的。但是，是不是别人的批评我们都要照单全收？是不是听到别人的质疑和批评后，我们就一定要怀疑自己，从而全盘否定自己？在别人的质疑和批评声中，我们究竟该怎么办？我们该退缩吗？

我们提倡虚心接受他人的批评，但不代表我们要失去自己的判断能力和主见，更不是所有的批评我们都要不加思考地接受，然后在别人的质疑声中畏首畏尾，再也不敢做自己想做的事情。这样的人和听到别人的批评就一味反弹的人一样，不会有什么开拓创新的精神。

接受他人的批评，就要有敢于面对批评的勇气和良好态度，但不代表接受他人的全部批评。在听到别人的批评时，我们首先要判断这种批评是对的还是错的。对的，我们就接受、改正；错的，我们完全可以不予理会，继续按照自己原来的想法去做。

然而有一些人却不是这样。他们一听到别人质疑自己，就吓得不敢动弹了，心里想："看，人家都批评我了，一定是我做错了，我不能再继续错下去了。"这样一听到别人的质疑就吓得缩作一团的人，真的很懦弱，这样的人，怎么可能继续开拓创新之路呢？

一个人没有主见，没有坚持自我的勇气，就会被别人牵着鼻子走，被别人的看法影响自己，那这个人的一生都会无所作为。每一个人都是单独的个体，活在别人的世界中是最愚蠢的事情。耶鲁大学就是个勇于接受批评和敢于自我批评的人，但它也没有全盘接受别人的批评，更没有被别人的质疑声吓得迈不开脚，而是有选择性地接受别人的意见，而那些自己认为正确的举动，则依然在不断坚持，从未改变。

例如耶鲁大学接受了外界对它"过于保守"的批评，但依然长期坚持传统和脚踏实地的办学方针，只是矫正但没有彻底改变自己的风格。耶鲁大学没有在别人的质疑声中退缩，它接受了质疑，改变了自身的不足，同时又保持住了本色，这何尝不是一种开拓和创新呢？

有一个疯狂喜欢诗歌的人，他写了很多诗，但是周围的人都说他："别做梦了，你不可能成为诗人的，因为你身上根本就没有诗人的基因，你不过是一个木匠的儿子。"

听到大家的质疑，他很伤心。但是他不相信大家所说的，自己就一定成不了诗人。他更不相信，木匠的儿子就一定成不了诗人的看法。他要用自己的行动向他人证明，他们的看法是错误的。

终于，他的第一本诗集问世了，印了1000册，但是过了很久一本都没卖掉。最后，这些诗集都被他送了人。有些成名的大诗人看过他的诗集，认为这根本就难登大堂，诗人惠蒂埃甚至把它丢进了火炉里。这一切让这个木匠的儿子难过极了。

到处都是质疑声，没有人认同他的诗集。他该怎么办？从此不再写诗吗？不！他否定了这个想法，他不会在别人的质疑声中退缩的，不管怎么样他都要继续写诗。于是，他不再理会别人的质疑，而是闷头继续写诗。多年后，他成了英国甚至全世界公认的伟大诗人，他的诗集也成了人类诗歌史上的经典。

这位诗人的名字我们都听过，他就是华尔特·惠特曼，而他的诗集我们更熟悉，叫作《草叶集》。

不要在别人的质疑声中退缩，因为他人的质疑未必正确。在追求梦想的过程中，谁也无法掌控谁的未来，也许我们的想法一时还很稚嫩，可能也会做一些错事、遭遇一些失败，但并不代表就要因别人的质疑而停下追逐梦想的脚步。

不管我们做什么事，都不可能得到所有人的支持和赞扬，总是有人非议、泼冷水，但我们不能被批评的唾沫淹没前进的渴望，被冷漠的眼神封锁萌动的激情，而是应该用行动驳回他人的质疑，用事实回敬他人的质疑，并告诉他们你比他们想象中要优秀得多。

然而，有些人却做不到这样。他们过于看重别人的看法，认为别人的评价是对自己最真实、最正确的认识，因而轻易认同他人对自己的评价，从而放弃了自己想做的事情，当然也就失去了实现梦想的机会。这种人，就是被别人的质疑击垮了，失去了继续开拓创新的机会。这种心态及行为，其实就是心理承受力不够强，缺乏自信。

所以，我们要想拥有开拓创新的能力，首先应该塑造自己强大的内心，练就成熟的心态。只有拥有这种心态，才能微笑面对所有人的质疑，才能在低调中不断前行，实现"一鸣惊人"。

我们无法阻止他人的看法，更无法探知他人的心态，或许有些人就喜欢给别人泼冷水，然后幸灾乐祸地看着你无所适从的样子，所以我们不能中了他们的计谋。不要在别人的质疑声中退缩，是一个成功者必须具备的品质之一。无数成功者都曾遭受过轻视、质疑、批评，但他们没有因为别人的质疑退缩，没有轻易放弃自己的主张。虽然在这个过程中会受到一些不利的影响，但是，他们最终还是坚持了自己的个性，继续前行。

如果确定自己的想法和行动是正确的，就不要在别人的质疑声中退缩。走自己的路，让别人去说吧！这不是固执，而是坚持；不是自负，而是自信。唯有如此，你才不会半途而废，失去开拓创新的勇气。

不断创新，才能不断刷新自己的实力

想要参与竞争，当然要有实力，而且还要不断增强自己的实力，因为别人也都在不断强大自己的实力。如何才能不断提升自己的实力？自然要不断创新、不断突破自我，这样才能永远在竞争中立于不败之地。

所以，满足现状、循规蹈矩的人很难拥有这种实力，因为他们缺乏不断创新的意愿和能力。然而，勇于创新的人有时也会遭人非议、受人排挤，因为创新的人总是有很多新的想法和尝试，这对那些循规蹈矩或者传统保守的人来说会不太适应，他们会认为这些勇于创新的人不安于现状、异想天开、痴人说梦。于是，很多人都在别人的非议中打消了创新的念头、失去了创新的勇气、埋没了自己的创造力。

所以，创新也是不容易做到的，它不但需要我们有创新的想法，还需要有创新的勇气。这不但是敢于"冒天下之大不韪"，更是敢于突破过去、突破自我的勇气。古今中外那些成功人士，大多是充满创新能力的，而循规蹈矩踩着别人脚印走的人永远不会有大的作为。

拥有创新能力的人能创造出更大的价值，其价值甚至是无可估量的：一个有创新能力的员工，会拥有更高的技能和效能，能够为企业创造出更多的利润；一个有创新能力的科学家，能为社会贡献更多、更优秀的新科技、新发明；一个有创新能力的艺术家，可以为社会创作出更多、更好的艺术作品；而一个有创新能力的普通人，则会拥有更成功、更有意义的人生。

因此，拥有创新能力的人往往拥有更强的实力，能实现更多的人生价值，这也是令那些缺乏创新能力的人望尘莫及。而在和别人竞争的时候，创新能力会成为你最强有力的竞争武器。有些人或许工作经验丰富，但不具备一定的创新能力，自然也就会慢慢失去竞争优势。因此，让脑子转动起来，培养创新能力，不断突破自我，超越他人。

北大的学生在普通人眼里是天之骄子，走向社会后不是文学家就是知识分子、教授或者领导，不是出入象牙塔就是高档写字楼或国家机关。但有这样一位北大学子，毕业后却成了一名屠夫。

这位姓张的北大高材生，同时也拥有清华大学的MBA学历。这样的高学历人才，大企业都会抢着要，但他为什么非要去杀猪呢？如果你只是把他当作一个杀猪的，那可就太小瞧他了。他的经历可谓是不断突破自我、否定过去、勇于创新。

毕业后，这位北大高材生成为了一名公务员，这在很多人眼里是一份再好不过的工作。可他觉得做公务员太没趣了，于是他选择了下海经商。他搞过房地产，摆过地摊，做过许多小生意。有一天他无意间发现了新的商机。

在一次宴席上，他看到一个嘉宾喝了一杯雪碧兑醋，喝得津津有味，直说味道好极了。于是，他灵机一动，为什么不尝试生产苹果醋呢？想到马上就干，不过一个月，苹果醋就上市了！最终，他生产的苹果醋占据了中国醋饮料行业一半的市场份额。

后来，他又发现高端猪肉没有人做，于是他又想进军猪肉行业。公司很多人反对，说："我们苹果醋做得好好的，为什么转行做猪肉啊？这太冒险了。"而他却说："不可能一直停滞不前，发现新的商机就要抓住，想发展就是要不断创新。"于是，他毅然决定进军猪肉行业。

他养猪的方法和别人不一样，而是像做其他事情一样，总是探索新的方法。他的种猪是最好的土耳花猪，不采用饲料喂养，而是散养。更让人想不到的是，他还给猪开运动会。当猪长大后，他对猪进行解剖，仔细研究，保证了猪肉的质量。创新的养猪方法，使他的猪肉卖到了很高的价钱。

他销售猪的方法也和你想象的不一样。在他的摊位前面，站满了一排统一制服的员工，他们热情地叫卖着："红烧排骨，红红火火；清蒸排骨，蒸蒸日上……"充满创意的销售方式，吸引了许多消费者。

他凭借在各个方面的不断创新，在生猪这个传统行业中硬是打造出了一个高端的品牌。他的"壹号土猪"，遍布市场，年销售达到3亿元。他颠覆了传统养猪的行业，与此同时，把自己打造成了亿万富翁。

就是这么一个头脑聪明、极富创新能力的人，不断刷新着自己的实力，竞争能力也越来越强。

这位北大毕业生在诸多行业都有着过人的竞争力。他的实力来自哪里？就来自于他的不断创新。想别人想不到的事情，做别人不敢做的事情，颠覆大多数人的传统观念，永远出奇制胜，令他人所不及。

如今社会竞争越来越透明，每个人拥有的资源也越来越相同，你有的，别人也可以通过种种渠道获得。那么，要靠什么来赢得别人？唯有靠脑子、靠意识、靠思维，一句话，也就是要靠创新能力。所以，21世纪的经济就是创造力经济，创新能力是推动财富增长的唯一动力，也是成就卓越人物的秘诀之一。对个人来说是如此，对一所大学、对整个社会来说也是如此。社会的种种进步都源于人类无法预估的创新能力，任何时代的社会都是一个比拼创新能力的时代。

耶鲁的实力当然不仅仅是靠强大的师资力量，以及社会各界的资金支持，更是靠它不断创新的创造力。在耶鲁大学，无论是领导在管理学校的过程，还是老师在教授学生、研究课题的过程，或是学生学习的过程，都具备了勇于创新的能力，由此形成了耶鲁强劲的创新实力。

但是，有些人天生就缺乏创新能力，他们想拥有而不得，这样的人应该刻意去培养自己的创新能力。首先要善于捕捉灵感，当想法在头脑中闪现的时候，要把它放大并深入挖掘，然后去实施。其次，对于别人提出的想法和做法，不要马上附和，而是要思考有没有更好的方法。有了这样的想法，你就会不断去尝试新的方法。

总之，不要让自己的思维陷入一个固定的模式中，只有跳出窠臼，跳出框架，摆脱过去形成的固有思维模式，拥有不断创新的能力，你的实力才会越来越强。

创造力，将决定你是伟大还是平庸

创造力给予了我们强大的实力，强大的实力助我们实现自己的理想。因此，有创造力的人更容易实现自己的人生目标和人生价值。相反，没有创造力的人只能追随别人的脚步，为别人的梦想喝彩。所以，创造力将人区别开来，你是一流人才还是普通人，就看你有没有创造力；你是伟大还是平庸，就看你是否拥有创造力。

这一点，耶鲁大学可以很好地证明。耶鲁大学的多个校长都具有非凡的开拓精神，他们敢想敢干，强调均衡发展，这对处于社会快速发展和转变时期的耶鲁大学来说是非常重要的，它提高了耶鲁大学的教学质量，扩大了耶鲁的影响力，提升了耶鲁的人才培养质量和学术声誉，使耶鲁步入世界名校的行列。可见，是多年来坚持改变和创新，将耶鲁大学和一般大学区别开来。

因此，创造力决定了一所大学是伟大还是平庸，创造力同样能决定一个人是伟大还是平庸。一个有创造力的人比他人有更高的工作效率，可以比他人创造出更大的价值，而他本人因此既能得到丰厚的物质回报，也能得到旁人难以体会的成就感。这样的人往往令那些平庸者艳羡不已。所以，如果你不想沦为平庸者，而是想成为一个有所成就的人，那么就让自己拥有创造力吧！

有这样两位年轻人就把自己的创造力发挥到了极致。

有一家著名的外企正在公开招聘两名销售主管。应聘者众多，从简历上看，许多人的资历都非常厉害。这让招聘者为难了，该选择谁呢？一个工作人员说："相马不如赛马。光看简历没有用，不如以实践性的试题，考查他们的实际工作能力。"他的意见得到了大家的同意。

　　考试题目是什么呢？就是"把木梳尽量多地卖给和尚"，而卖得最多的人将成为该公司的营销主管，年薪四十万，外加提成，公司配备专车，每年享受3周带薪假。诱人的待遇让大家跃跃欲试，可是这样的考题却让许多人望而却步。他们不解："出家人要木梳有何用？这岂不是拿和尚当借口，故意为难我们吗？"

　　很多应聘者都离开了，他们觉得这是一个无法完成的任务。最后只剩下了两个人，看来这两个人有信心完成这项任务。

　　招聘者告诉他们："你们的期限是10天，10天后向我汇报结果。"

　　10天后，两个人回来了。第一个人说："我卖出了10把梳子。"

　　招聘者很高兴地问道："不错，不错，你是怎么卖掉的？"

　　他说，他对住持是这样说的："由于山高风大，进香者的头发都被吹乱了，而蓬头垢面是对佛祖的大不敬，因此应在佛殿的门口放些木梳，供善男信女梳理鬓发之用。"住持听完后觉得他说得很有道理，于是购买了10把梳子。

　　招聘者不断点头："你的说法很有创意。"紧接着，又问第二个人："你卖出了几把梳子？"

　　第二个人的回答令所有人大吃一惊——他一次性卖出了1000把木梳，并且还有后续订单！

　　招聘者连忙问他："你是怎么卖出去的？"

　　他说他去了一间颇具盛名的寺庙，这里香火极旺，一年四季朝圣者络绎不绝。他对住持说："朝拜者能从大老远跑到这里来，必有一颗虔诚之心。贵寺乃是名山大寺，理应对这些虔诚之人有所回赠，保佑其平安吉祥，鼓励其多做善事。我有一批木梳，住持您的书法那么好，可以在上面刻上'积善梳'三个字，作为赠品送给这些朝客。"

主持颇为认同他的话，当场买下了1000把木梳做成积善梳，并和他一起举办了"积善梳"赠送仪式。这个"积善梳"的创意得到了众多施主与香客的赞许，一传十，十传百，来寺庙里进香的人更多了，寺庙的香火也更旺了。因此，住持表示还要从他那里继续订购木梳。

最终，这两个人都被录取了。招聘负责人对他们说："你们俩身上都有我们公司特别看重的一样东西，就是创造力。如果你们能在今后的工作中将创造力充分发挥，那么你们为工作创造的价值将是巨大的，而公司也会给你们提供最好的待遇。"

"把梳子卖给和尚"，听上去这是多么荒诞的事情啊！但这两个人竟然做到了！他们靠的是什么？就是创造力。他们用出色的创意让"无稽之谈"成为现实，这就是创造力的价值，而他们两人也终将成为这家公司了不起的员工。

所以说，创造力将决定你是伟大还是平庸，创造力可以给你改变一切的机会，所以，无论我们从事什么工作，身处什么岗位，都要让脑子灵活起来，利用创造力来开创自己的事业。创造力可以让我们的事业更上一层楼，也可以让我们走出人生的低谷。也许现在你那些新奇的想法会被他人嘲笑，但或许几年后这些人的嘲笑会变成对你的赞叹。

一个国家是否强大取决于领导人是否有创造力，一个企业是否强大取决于其员工是否有创造力，一个人是否强大取决于其是否有创造力。可见，整个世界都是创造力的产物。因此，如果你想成就不凡，追求卓越，就一定要让自己成为一个富有创造力的人。

让我们摒弃循规蹈矩和因循守旧，多为自己增添一些创造力吧！

开拓创新，会让你在绝处逢生

耶鲁的开拓创新精神值得我们学习。我们不仅要学习耶鲁在顺境时的创新精神，更要学习它在逆境中的创新精神。因为顺境时的开拓创新会让你越走越快，而逆境时的开拓创新则会让你绝处逢生。

开拓创新需要拓展思维，转换思路。如果总是用已有的观念去思考问题，用已有的方式去解决问题，那就谈不上开拓创新。所以，开拓创新需要另辟蹊径，从其他角度去考虑问题，这样一来，许多难以解决的问题就会迎刃而解。当我们遇到难题一筹莫展的时候，如果能运用创新思维，那么许多问题就可以迎刃而解。甚至在遇到绝境时，开拓创新会让你绝处逢生。

有这么两个身处创业期的老板，一个是美国人，一个是中国人，他们都遇到了绝境，是开拓创新精神救了他们的命。

阿道夫是一位美国家具商，有一天不知什么原因，他的仓库突然起火了，他所有的家具在这场大火中几乎被烧了个精光。大火熄灭后，地上只留下一段残存的焦松木。眼前的一切，让阿道夫伤心不已，不知道该如何收拾这场残局。他盯着这段烧焦的松木看了很久，突然，他的目光一亮，他发现这段松木虽然已被烧焦了，但是松木上独特的形状和漂亮的纹理仍然非常迷人。

他擦掉松木上的尘灰,用砂纸把松木打磨光滑,然后涂上清漆,这块松木立刻焕然一新,透露出一种温馨的光泽和非常清晰的纹理。

阿道夫惊喜地狂叫起来:"太漂亮了!"

于是,他马上吩咐工人立刻照这块松木的样子制作一批仿木纹家具。仿木纹家具投入市场后,备受客户青睐,给他带来了大量的金钱回报,而他的第一套仿木纹家具则被收藏在纽约州美术馆里。阿道夫没想到,一场大火给他带来了灾难,同时也给他带来了机会。

一位中国的老板也和阿道夫一样,遇到了同样的难题。他是如何解决的呢?

一家时装公司新设计生产了一批女式真丝半袖衫,这批衬衫做好之后要全部拿去洗水。在等待洗水的空隙,老板觉得不能浪费时间,就吩咐工人们在衬衫上先打上挂牌。谁知,打上挂牌之后,柔软的丝质料在水洗的过程中被打挂牌的胶线挂出了一个小洞,而且每件衬衫都有,非常均匀。这是个致命的错误,主管们对此束手无策。

这时老板说:"我能解决这个问题。"

老板能解决这个问题?大家都很好奇。只见老板找来与衣服同色的丝线,沿着小洞一针一针地缝补,给一个个小洞缝补出了各种不同的图案。这些图案非常漂亮,不仅没有影响衣服的外观,还使衣服比之前更加有吸引力。几天后,产品上市后加价出售,大受欢迎。

两位创业中的老板都遇到了难题,如果按照旧有的思维,把家具和衣服报废的话,那他们的损失会很惨重,甚至会濒临破产。但是,创新的思维挽救了他们的公司,可谓是绝处逢生。

所以说,开拓创新的思维是多么重要!当你觉得走投无路时,其实只要转变一下思维,就能找到另外一条出路。在人生的关键时刻,创新精神能够力挽狂澜,拯救你的命运。因此,我们不要埋怨命运给我们的机会太少,更不要在遇到困境时埋怨命运的不公，只要开拓思路，勇于创新，就能找到解决问题的途径。

有时候，只要改变一下看待事物的态度或思维，往往就能够点石成金，化腐朽为神奇。

有两位勤奋的陶瓷艺人经过多年的辛苦劳作，终于烧制出了一批上好的陶罐。他们希望人们能喜欢上他们的陶罐，用上他们的陶罐，更希望他们能因此过上富裕的生活。他们憧憬着未来的幸福生活，兴奋不已。

这两位陶瓷艺人雇了一艘轮船，把所有的陶瓷都装上了轮船，打算运到城市里去卖。

但是，天有不测风云，轮船行进到海中央时，海面突然刮起了强烈的大风，轮船被刮得东倒西歪，就连轮船上的人都险些性命不保。终于，风暴停了下来，可他们一看，所有的陶罐全成了碎片。两位陶瓷艺人傻了眼，陶罐破碎了，他们的美梦也都破碎了。

其中一位陶瓷艺人嚎啕大哭，另一位陶瓷艺人劝他："不要哭了，既然船已经到岸了，我们不如先到城里住一晚，明天再到城里四处走走，长长见识，来一趟城也不容易。"

"你还有心思到处走走？难道你不心疼我们辛辛苦苦烧出来的那些陶罐？"嚎啕大哭的陶瓷艺人责问他。

"我当然心疼了，但是现在哭也没有用。不如到城里走走，看看有没有其他门路，弥补一些我们的损失。"

嚎啕大哭的陶瓷艺人听他这么讲，觉得也有道理，于是跟着他到了城里。他们在城里闲逛了几天，发现了一个现象：城里人用来装饰墙面的东西，很像他们烧制陶罐的那些碎片。这一下让他们发现了商机！他们回去后便把所有陶罐的碎片全部砸碎，重新做成马赛克装饰品出售给城里的建筑工地。结果他们非但没有因为陶罐的破碎而亏本，反而因为出售马赛克装饰品大赚了一笔！

　　有时候老天爷就爱跟人开玩笑，它就是不让你顺利得到你想要的东西，非要拐个弯制造点磨难才让你得到，或许它就是在考验你有没有创新思维，能不能在走投无路时发现新的路子。这两个陶瓷艺人的故事告诉我们：只要具有开拓创新的精神，人生就没有死路，创新的精神能让你在绝境中发现机遇。

　　因此，在遇到绝境时，不要慌张、不要迷茫，要学习耶鲁开拓创新的精神——沉着冷静、临危不乱，试着变换思路、解放思想、放开束缚、另辟蹊径，你就一定能探索到新路子——这，就是开拓创新的内涵。开拓创新不仅仅是顺境时的突破自我，更是困境面前的积极改变思维，激发潜在智慧。开拓创新的精神，让我们的人生没有绝境，即便遇到绝境，也能绝处逢生。

开拓创新，永远制胜的武器

"开拓创新，是永远制胜的武器。"这句话一点都不过分。耶鲁大学就是靠着这个武器取得的胜利。

耶鲁大学两三百年间的发展历史并不是一帆风顺的，它也曾有过低谷。后来哈德利校长上任，他主张不能因循守旧、过于传统保守，要大胆开拓创新，至此，耶鲁大学才得以再次复兴。

安吉尔校长在职时期，他倡导组织上的灵活性和价值标准的多样性，不把耶鲁学院、研究生院及专业学院看作各自独立的单位，而是视作一个相互联系的整体，强调各学科间的联系和学习上的融合，鼓励跨学科的思维及大学各部分之间的相互沟通。安吉尔校长十分重视发展研究工作，加强研究生院和专业学院的建设，积极吸引人才，并对保守的耶鲁学院进行改造，从而使耶鲁大学重新焕发生机。

安吉尔校长之后的几位继任者，继承了他的开拓创新精神，继续按照高标准来规划和指导耶鲁的发展，强调保持优势学科的领先地位，有选择地发展一些新型专业，使耶鲁逐渐走出了保守的办学立场，形成了今日耶鲁稳健、执着、务实、包容、开放和创新的办学理念。

创新，成了耶鲁大学制胜的武器，开拓创新也成了耶鲁精神之一。

究竟什么是创新？创新就是人们在已有经验的基础上，开拓、认识新领域的有创见性的活动。无论何时，创新思维、创新能力都是人才的核心价值。如果没有创新，便很难迈开前进的脚步，便很难超越别人，赢得人生。因此，无论何时何地，创新都是时代的进步！

美国在线前首席执行官詹姆斯·金姆塞说："勤于动脑，敢于创新的人，才能争取竞争的主动。"他一直坚持培养学员的创新性思维和创新能力，要军官们举行辩论赛、独立作业，甚至是组织教学活动，同时将逆向思维、超前思维的能力灌输给学员，使他们都能够拥有开拓创新这一永远的制胜武器。

所以，我们在研究问题时，特别是在处理问题时，要学会放开思维，借助已有的理论和智慧，借助他人的研究成果，来解决眼前面临的问题，那么，你会发现自己很快就能"柳暗花明又一村"。

下面是一个士兵的故事。在战场上，这名士兵出色地发挥出了开拓创新的精神，取得了战争胜利。

威廉·提康普赛·谢尔曼是西点军校的优秀毕业生。他参加过美墨战争、南北战争。战场上，他表现得非常优秀，而他的优秀很大一部分来自于他的创新能力。

他的创新思维让每一位同仁都拍手称奇。他首先指出了内战以来北方将领的致命弱点：北方军队进入南方好像一条船入海一样，这条船开始时气势如虹，乘风破浪，但随后就马上消失，找不到一丝痕迹了。

这样形象的比喻让其他人颇为惊奇，他们想不到谢尔曼竟然有这样独特的思维。谢尔曼说不能按照原来的老方法打仗，而是应当创新，采取大胆进攻的战略战术，尽快把战争打出一个结果来。他的观点赢得了军政首脑们的称赞。按照他的方法，取得了一次又一次的胜利。因此，大家赋予了他"第一个现代将军"的称号。

谢尔曼的成功在于他善用敏锐的眼光发现传统战略战术的不足，然后打破教条式的军事传统，创造了新的军事指挥方法。在他的世界里，遵守规矩不是唯一的准则，打破传统、不断创新才是他的追求。创新使谢尔曼在战场上成了一名常胜将军，创新成了胜利的有效武器。

创新发挥到哪里，哪里就能出奇制胜。无论是战场上，还是职场上，或是生活中，都需要这样的创新意识。如何创新呢？那就是善于观察、勤于思考。当看到其他同事们疲于奔命时，我们要问问自己："为什么他们工作得这么累？有没有好的方法可以让大家别这么累？可以从哪些方面改正呢？"这样一问自己，创新的意识就形成了。因此，创新的第一步就是提出疑问。

光有创新的意识还是不够的，那么，创新的第二步就是行动。有了好的创意，不应该只放在心里，而是要付诸行动，将你的创意落实到工作中或生活上，让工作和生活获得一个好的转变，只有这样，才是真正的创新！

创新也要我们付出耐心。因为创新不是乘坐火箭从地球到太空，瞬间就可以实现，创新需要的是一个过程，甚至是漫长的过程。从一个想法的出现到想法的实现，需要付出许多耐心。所以，创新也需要我们拥有足够的耐心。

耶鲁大学要求学生们以追求光明、真理为己任，要以科学的态度看待世界，并始终保持好奇心，要敢于判定学术领域中已经认可而又经证实是错误的思想。正是这种鼓励学生们开拓创新的传统，才为学生们的成长提供了锻炼的机遇和挑战，并开阔了他们的眼界，培养了他们的创造性，使他们的个人能力得到锤炼和升华。

创新思维，就像是潜伏在我们头脑中的金矿，如果我们不去开发，它就永远躺在那里，时间久了，甚至会变质而无法利用，而我们的大脑长久不去创新，慢慢也就失去了创新的能力。所以，开拓创新是我们永远都不能丢弃的武器。靠它，我们在职场上就可以披荆斩棘；靠它，我们生活中遇到的问题就迎刃而解。只要合理利用创新，大到宏伟的计划，小到日常纠纷，都能顺利解决。

因此，打开你的思维，发挥你的创造力，努力培养开拓创新的精神吧，它永远是我们制胜的武器！

第六章

追求卓越，你的境界决定你的高度

　　中国人常讲"志当存高远"，即人生要有远大的志向和更高的追求，这样才能成就一番事业。确实，你有什么样的境界，就能达到什么样的高度，而高度又决定了你将处于什么样的位置。所以，只有具备"追求卓越，成就不凡"的气魄，才能达到你理想的人生高度。耶鲁大学就有着这样的境界，否则它无法成为知名的国际性大学。耶鲁的一切都是按照卓越的标准来严格要求的。卓越的耶鲁大学告诉我们：要想成为最好的自己，就要拥有卓越的境界，敢于追求不平庸的人生，不惧别人的打击，并且有一个清晰准确的目标和具体的规划，然后亲自去实现自己的梦想，完成"追求卓越，成就不凡"的过程。如果你能很好地做到以上几点，那么卓越的人，就一定非你莫属！

你有什么样的境界，就能达到什么样的高度

我们都说"境界决定高度"，你有什么样的境界，就能达到什么样的高度，确实如此。如果你对生活的期望只是吃饱、喝足、穿暖，那么你这辈子顶多也就达到这种解决温饱的高度；如果你希望此生能体会到更高层面的物质享受、实现人生价值及精神的愉悦，那么你此生可能就会成为一个物质与精神双丰收的人；但如果你希望此生的境界是"会当凌绝顶，一览众山小"，那么你可能就会成为一个功成名就并对具有社会影响力的人。可见，境界确实决定人生高度！

耶鲁大学刚开始是一所很普通的大学，但是他的创办者和后来的多位校长都梦想耶鲁成为一所对全世界具有影响力的知名大学。于是，一代代的耶鲁人在这样的志向与追求下，坚持不懈的努力，最终令耶鲁大学达到了这样的高度。

因为有了对高境界的追求，所以耶鲁才成为了一流的大学。可见，首先要有成就卓越和不凡的愿望，才有可能成为卓越不凡的人。耶鲁凭借着想要成就卓越和不凡的至高境界，培养出了一大批卓越和不凡的社会人才。

这些卓越的人物中不乏国家总统，如第27任美国总统威廉·霍华德、第38任美国总统杰拉尔德·福特、第41任美国总统乔治·布什、第42任美国

总统比尔·克林顿和第43任美国总统小布什。美国200多年的建国史中，超过十分之一的时间是出身耶鲁的人作为最高政治领袖。这是耶鲁创造的世界政坛奇迹，可见这所大学达到了一个什么样的高度。

除了总统之外，还有许多重要政坛人物也出自耶鲁大学：如曾与小布什同时竞选的民主党副总统候选人利伯曼以及前美国第一夫人、已当选纽约州参议员的希拉里等。至于耶鲁人担任州长、市长、任参众两院议员、政府部长等要职的就更是举不胜举。

耶鲁毕业生中的白领、金领可以说是层出不穷。在美国500家著名大公司里任职的高级职员中，耶鲁毕业生所占的比例最高。此外，耶鲁大学还为美国演艺圈输送了大批脱颖而出的艺术明星，如著名影星朱迪·福斯特，还有以主演《苏菲的选择》和《克莱默夫妇》而两度夺取奥斯卡最佳女主角奖的著名影星梅里尔·斯特里普。

可见，耶鲁大学确实达到了令人赞叹的高度！事实证明，只有拥有更高的人生境界，并不懈地加以追求，才能达到相应的人生高度。

高尔基，前苏联著名文学家，他的一生达到了怎样的高度，我们有目共睹。让我们来看看他是如何达到这样高度的。

小时候的高尔基生活异常贫困，10岁时就不得不走向社会，自谋生计。16岁时，高尔基来到喀山想上大学。但是他很快发现，大学只是一个梦想，对他敞开着的只有贫民窟和码头的大门。那段时间，他在沙皇统治下备受煎熬。他彷徨、苦闷，甚至有了自杀的念头。然而，顽强生存的信念还是使他活了下来。

多年底层人民的生活经历让高尔基身上蕴藏了反抗的力量，耳闻目染的丰富见闻及所获得的广博知识，不断充实着他的内心世界，他开始想要追求与众不同的人生。但是，这与众不同的人生是什么呢？对此，他心里却并不清楚。

若干年后的一天,高尔基遇到了革命者卡留日乃。他给卡留日乃讲起自己的流离生活,卡留日乃被他的故事深深地打动了。

于是,卡留日乃建议道:"你为什么不把你的故事写下来呢?这些故事不就是很好的文学作品吗?写下来不仅能激励他人,也能成就你自己。"

"我可以吗?"高尔基有点怀疑自己。

卡留日乃鼓励他说:"你追求什么样的人生境界,就能达到什么样的高度。如果你想用自己的作品鼓舞和拯救他人,你就能成为一个文学家。"

卡留日乃的话给了高尔基很大动力,于是,他开始写诗。他写了整整一本之后,诚惶诚恐地送给了作家柯洛连科过目。

柯洛连科读了后皱着眉头说:"你的诗太难懂了。用平常的语言写点你的亲身经历吧。"

于是高尔基抛弃了写诗,开始创作小说。

1892年9月12日,他的第一篇短篇小说《马卡尔·楚德拉》发表了,虽然这只是一篇很短的小说,但却让高尔基有了创作的信心。从此以后,他开始疯狂地写作。

他想起卡留日乃的话:"你有什么样的境界,就有什么样的高度。"他不想再过流离失所的日子,他要拯救自己、拯救人民!在这个理想的指引下,高尔基执著地走在追求文学的道路上,最终成为了一名举世闻名的作家。

如果高尔基的生活境界只是吃饱、穿暖,他能成为一名作家吗?肯定不能。他可能会成为一个工人、一个普通人。因为他向往着更高的生活境界,因此才达到了更高的人生高度。

高尔基曾说过:"一个人追求的目标越高,他的才能就发展得越快,对社会就越有益,我确信这是一个真理。"

是的,你有什么样的境界和目标,就能成为什么样的人。境界越高、目标越高,做出的成绩就越大。看看生活中的很多人,为什么工作多年还只是一个小职员？很简单，没有追求，对生活要求太低，没有什么大的理想和目标，因此永远都是一个最平庸的人。

境界决定高度。不要总是羡慕别人达到了什么样的高度，而是要看到别人心中设定的境界。你的境界是有吃有喝，人家的境界是有所作为，你与人家最终达到的高度当然会不一样。

心中没有想要达到的人生境界，那你这一生可能成就不了什么事情，境界太低，就只能成就一些小事情。如果有了更高的人生境界，你的能量就会爆发得越快，可以预期的成就可能越大。所以，想要达到更高的人生高度，先在心中勾勒出想要达到的人生境界吧！

最高的境界，就是成为最好的自己

什么才是卓越？一定要成为总统、科学家、金领吗？一定要功成名就或被众人所知吗？当然不是。这样的人毕竟是少数。我们当然要有追求卓越与不凡的理想，但卓越并不仅是成名成家、赚取大量的钱财。如果这样来衡量的话，大多数人都没有实现卓越，那我们追求卓越不就没有了意义？因此，卓越还应该有另外一层定义——成为最好的自己！

是的，不和别人比卓越，而是要和自己比卓越。因此，当你成为了最好的自己，你会发现，其实你已经成为了别人眼中的卓越人物。成为最好的自己，这本身就是一种卓越。所以，不去刻意和别人比卓越，只求不断超越自我，努力成为最好的自己。

不去和别人比卓越，因为任何时候都有比自己更优秀的人。一味地和别人比卓越，难免徒增压力，难免被失望的情绪所折磨，那样反而会影响自己前进的脚步。因此，别把目光盯在别人身上，要把目光放在自己身上，看看自己能做什么，看看自己能做到什么程度，朝着这个方面去努力，就能达到卓越。而且如果和自己比，每个人都可以达到卓越，因为成为最好的自己，是谁都可以做到的。

这一点上，耶鲁大学也是践行者。如果和其他大学比，耶鲁大学并不是最卓越的，尤其是在它发展的过程中，很多时候并不是领先的。但耶鲁力求在每一方面都做到最好，例如最好的师资力量、最好的生源、最适合耶鲁发展的办学理念、最激励人心的耶鲁精神等，每一方面都做到自己所能达到的最好，耶鲁自然也就成为了卓越的代表。

所以，成为最好的自己，这是一个远大的目标。心中树立这种目标的人，最终往往能成为别人眼中的卓越人物。

美国前总统克林顿，在我们的眼中可谓是卓越人物。这位卓越人物是如何成就一番卓越的？

他是天才吗？不算是。他从小就有成为美国总统的远大志向吗？也不是。那他是如何成就一番卓越的事业，登上美国总统宝座的？这要从他的童年开始说起。

可以说，克林顿的童年充满了不幸。他是个遗腹子，出生前4个月，他的父亲就去世了。母亲无力养家，只好把出生不久的克林顿托付给他的外公抚养。外公和舅舅给了克林顿非常好的性格熏陶——从外公那里他学会了忍耐和平等待人，从舅舅那里他学到了说到做到的男子汉气概，这为他今后"成为最好的自己"奠定了基础。

后来，他和母亲、继父一起生活。但继父嗜酒成性，酒后经常虐待克林顿的母亲，小克林顿也经常遭其斥骂。这和在外公家里受到的待遇产生了鲜明对比，在克林顿的心灵上蒙了一层阴影。他想改变这一切，但他年龄还小，他明白只有让自己越来越优秀，才能拯救母亲和自己。于是，少年克林顿立志"要成为最好的自己"。

为成为最好的自己，中学时代的克林顿积极参与班级和学生会活动。在学校，他表现出了较强的组织和社会活动能力。他是学校合唱队的主要成员，而且被乐队指挥定为首席吹奏手。他在各个方面都很努力，希望自己的每一方面都能做到最好。

后来，在一次"中学模拟政府"的竞选中，他被选为"参议员"，获得了参观首都华盛顿的机会，这使他看到了"真正的政治"。参观白宫时，他受到了肯尼迪总统的接见，并与总统握手、合影留念。这让克林顿心中的那个愿望更加强烈了——成为最好的自己，才有可能来到这个地方展现自己的卓越。

从此，"成为最好的自己"就成了克林顿的目标。他越来越优秀，终于脱颖而出，到达了他人生最卓越的高度——成为了美国总统。但克林顿没有止步，他知道最好的自己没有尽头，因为对于追求卓越的人来说，只有更好，没有最好。

是的，成为最好的自己就是只有更好，没有最好。因为自己一直在成长、一直在进步，永远没有到达顶端的那一刻。如果没有"成为最好的自己"这个目标，克林顿会是一个怎样的自己？他不会去修炼自己的性格，不会在学校刻意锻炼自己的能力，没有机会成为"中学模拟政府"中的"参议员"，也不会因此坚定"要成为最好的自己"的远大目标。

因此，要成为最好的自己，就是要相信最优秀的人就是你自己。要有这样的愿望和这样的自信，才有可能成为最好的自己和最优秀的自己。

耶鲁大学不仅用"成为最好的自己"这样的理念来发展耶鲁，还用这句话来培养耶鲁的学生。耶鲁强调致力于培养领袖人才，不断追求卓越，学校因此蒸蒸日上、日新月异，终成耶鲁今日之辉煌。

对于个人来说，一个人或许成不了这个世界最优秀的人，也不可能永远超越别人，但却可以成为最优秀的自己，从各个方面塑造自己、超越自己、完善自己，让自己趋向完美。

而且我们说，"成为最好的自己"作为一种良性竞争，可以避免人们陷入到恶性竞争当中去。这是因为人都有一定程度的嫉妒心，和别人竞争，会让对方把你视为劲敌，对方有可能想办法阻止你前进的步伐。而不断和自己比，对手只会对你伸出敬佩的大拇指。所以说，不和别人比，只做最好的自己，让竞争对手敬佩自己，也是一种智慧的体现。

　　立志做最好的自己，朝这个目标每前行一步，你就会离卓越更近一步。

平庸之辈也要敢于追求不平庸的人生

这世界上天资聪颖的人多，还是资质平庸的人多？当然是后者。那么，这是不是说资质平庸的人注定这一生都是一个平庸的人，无法达到卓越和不凡？当然不是！我们来看看金庸小说《射雕英雄传》中的人物郭靖，他不但不聪明，甚至有一点驽钝，但就是这样一个人，最终也成为了武学大师。

我们再来看看身边的许多人，可能刚刚起步时，他们很平庸，一点都看不出他们的优秀之处，他们甚至也认为自己很平庸，但若干年之后，他们却成了某个领域的卓越人物。

耶鲁大学在刚刚起步时也从没想到过耶鲁能有今天的地位，正是因为一代一代的耶鲁人没有把耶鲁定位于一所普通的大学，他们没有认同耶鲁一直会像最初那样普通，而是立志要把耶鲁打造成为一流的大学，所以耶鲁才变成了今天不平庸的耶鲁。

有一句话叫作"一切皆有可能！"也就是说，平庸的人也可能成就一番不凡的事业。那么，平庸的人是如何成就不凡，变成卓越人物的呢？其实奥秘很简单——就是他们不相信平庸的人就只能一辈子平庸，所以他们敢于追求不平庸的人生！他们没有因为自己天生没有优越的自然条件就否定自己的一生，他们没有让一时的平庸成为他们追求不平庸的绊脚石。只因他们内心坚定地认为：只要勇于追求不平凡的人生，就一定能够从平庸之辈中脱颖而出。

这世界上平庸的人太普遍了，所以有些平庸者就觉得："反正大家都平庸，又不是我一个，我也不丢脸。"这样想的人就永远失去了不平庸的可能。而那些原本平庸的人之所以成为了不平凡的人，不是他们后来长出了三头六臂，而只是他们比其他人敢于追求不平庸的人生！

其实，还是有不少"平庸之辈"拥有一颗不甘平庸之心。但是，他们仅仅在"不甘"的心态中长吁短叹，却没有把不甘化为追求不平庸人生的行动，所以他们即便有不甘之心，也终究只会是一个平庸之人。可见，平庸之人不但要有一颗不甘平庸的心，还要有追求不平庸人生的勇气和行动，才有可能成为一个不平庸的人。

利昂·莱德曼是美国的一位实验物理学家，他因发现第二种中微子而荣获了1988年诺贝尔物理奖。

他曾经到一所大学做演讲，畅谈"成就一番事业的乐趣"，学生们都非常喜欢听他的讲座。在演讲现场，一个学生问了他这样一个问题："我也想成就一番事业，虽然我刻苦学习，但我的学习成绩还很一般，在其他方面我也很平庸，和同学们相比我一点优势都没有。我想我这辈子也就只能做一个平庸的人，拿一个学士学位，然后去当个保险统计员，朝九晚五，工资不高，但能养活自己。这可能就是我这辈子的生活。"

利昂·莱德曼听了他的话，连连摇头，说："这位同学，你这么说就错了，或许你现在没有其他同学优秀，或许你资质确实很一般，但不代表你将来就成就不了一番事业啊！虽然大家的基础不同，但同样拥有追求不平庸的权利。决定你一生成就的，不是你现在是否平庸，而是你是否付出追求不平庸人生的努力。"

这位同学听了利昂·莱德曼的话，疑惑地问道："我也可以追求不平庸的人生吗？"

"当然！"利昂·莱德曼肯定地说道："平庸之辈也要敢于追求不平庸的人生，这就是你迈向不平凡的第一步！"

是的，就如利昂·莱德曼说的那样：敢于追求不平庸的人生，就是迈向不平庸的第一步。敢于追求，首先你就比那些自甘平庸的人前进了一步；有了行动，你就能与那些自甘平庸的人区别开来。只要你敢于追求不平庸，就有可能脱离平庸。

中国有句古话叫"笨鸟先飞"，就是告诉我们：资质平庸的人只要比别人更努力，就有可能摆脱平庸。你不能把自己当下的平庸定义为一生的平庸，如果你用自己的现在否定自己的将来，那么你的一生就注定平庸。哪怕你已经平庸了很久，也不代表你最终平庸，因为有很多人都是"大器晚成"的。如果这些大器晚成的人都过早地相信自己就是平庸的，从而放弃了追求非凡脚步，那么他们还有可能最终成就不凡吗？

我们可以认同自己平凡，但绝不能认同自己平庸。自命不凡也许会摔跟头，但自甘平庸却会让你一生碌碌无为。所以，平凡人应该如何生活和工作，如何寻找自我，如何使平凡的人生变得不平凡？显然，现在已经有了答案，那就是——敢于追求不平庸的人生！

想象耶鲁那样，有朝一日成就不平凡的自己吗？那就如耶鲁一样，现在就开始拥有一个不平庸的梦想吧！

人生的意义不在于上天赐予了你什么，而在于你自己追求到了什么；人生的意义不在于接受，而在于开发和挖掘；你平庸的生命力中也蕴含着不平庸的宝藏，你甘于将它深埋，还是将它挖掘？

所以，大胆追求不平庸的人生，挖掘出自己身体内的宝藏吧！让这些宝藏闪闪发亮，照亮你不平庸的人生！

问问自己：我将来想成为什么样的人？

平凡的我们，每天都按部就班地生活着：吃饭、睡觉、工作，觉得这样的生活方式理所当然，每个人都一样享受着每天的生活。这样本没有错，但是，这样是不是有些得过且过、随波逐流了？如果我们和每个人都一样，被平庸的日子包围，那样的话，又有几个人能成就卓越和不凡呢？

因此，不能这样被动地、麻木地生活，而应该问一问自己："我想成为一个什么样的人？我将来能成为一个什么样的人？"

有了疑问，就有了思考，就有了改变庸常生活的可能。

有的人之所以无法成就卓越，并不见得他们没有卓越的资质，而是不明白自己的方向在哪里。而问一问自己"我将来想成为什么样的人？"其实就是在有意无意间寻找自己的方向，而自问"我将来能成为什么样的人？"，则是在思考自己的潜能所能达到的高度。有了努力的方向和挖掘自己潜能的动机，你才有可能成就卓越和不凡。

为什么很多人的生活千篇一律？是因为他们从来没有活出真正的自我，从来没有问问自己"我想成为什么样的人"，而是被生活的潮水裹挟着，推到哪里算哪里。所以，他们活得迷茫、活得无趣、活得没有质量，更不可能达到某种人生的高度。

多问问自己"我将来想成为什么样的人",就是把自己和别人区别开来,走出属于自己的路,成为更好的自己,成就不平凡的人生。一个卓越和不凡的人,首先是一个善于和自己对话、敢于质疑自己的人,挖掘出自己灵魂深处的欲望,成为自己想成为也能成为的那个最优秀的自己。

耶鲁大学的多位领导人一定也经常问自己:"耶鲁大学要成为一所什么样的大学?怎么样去努力?要多久才能到达这样的高度?"而不是让耶鲁大学随意发展。因为一所大学的发展也和人一样,也是具有生命力的,也有自己的定位。但大学的生命力是人赋予的,所以那些具有远见卓识的教育家和领导者会问全体的耶鲁师生:"耶鲁大学要成为一所什么样的大学?我们要朝着这个方向去努力!"

其实,每一个人都要问问自己:"我将来想成为一个什么样的人?"有一个小女孩,她从小就有这样的意识,并且用这种意识改变了自己母亲的人生轨迹。

有一天,一位年轻的妈妈正在辅导女儿做作业。这时,女儿问了她一个问题,使她非常震撼,这个问题她以前从来没有思考过。

女儿郑重其事地问她:"妈妈,你将来想成为什么样的人?"

"嗯?"女儿的问题让母亲一惊,一时间,她还真不知如何回答女儿的这个提问。因为这位妈妈上大学时的梦想是将来工作后成为一名会计师,现在她已经在这个岗位上工作多年了,似乎自己再也没有其他梦想了。

"对不起,宝贝儿。"妈妈说,"你希望听到我的什么答案呢?"

"妈妈,你可以成为一个你理想中的人物,你对未来的自己要有更高的期待!"

妈妈听后很是惊讶,她想不到女儿会说出这么深刻的话,她觉得自己已经有一份心怡的工作了,还需要成为什么样的人呢?

但其实,女儿这么一问,却勾出了她心里隐藏多年的梦想。要说她希望自己将来还想要成为什么样的人,她很希望自己可以成为一名兼职作家。这是她少年时代的梦想,只是被自己遗忘了很久。是的,她的这一人生梦想还没有起步,在写作方面,她还可以有很多的时间和很大的空间发展。

和女儿的这次交谈,使这位妈妈改变了生活态度。她不再满足于一个会计师的身份,开始重新拾起她的写作梦,每天利用业余时间,辛勤地看书、写作,努力成为未来那个更好的自己。

"我将来想成为什么样的人?"这样问问自己,你就不会再满足于现在的自己,你就会重新有了理想和目标。而不问自己,可能也就从此压制和埋葬了一个优秀的自己。

"我将来想成为什么样的人?"这样问问自己,其实是给自己一个更高的定位和目标,让自己不满足现状、固步自封或裹足不前。这样问自己,也是在不断提醒自己:"我"并不是只能这样,我还可以变得更加优秀。

很多人在最初都有"追求卓越,成就不凡"的梦想,但可能在人生途中,因为现实、困境,或是忙于其他的事情,而遗忘了最初的梦想。那么问问自己"我将来想成为什么样的人?"就能重新拾最初的梦想,继续追求自己的梦想,努力再次成为自己想成为的那个人。

想"追求卓越,成就不凡",首先要抛弃浑浑噩噩过日子的生活方式,换一种清醒、积极的生活态度,主动去追求自己的梦想,成就一个全新的自己,为将来那个更好的自己而努力,而不是接受现在平庸的自己。为将来的梦想而活,你就会珍惜现在的每一分钟,而每天如果只是在平庸中度过,你只会觉得时间漫长而无聊。

因此,不妨此刻问问自己:"我将来想成为什么样的人?"给自己一个"追求卓越,成就不凡"的动力,让改变平庸从当下开始!

不做别人第二，只做自己第一

你有自己崇拜的人吗？我想，大部分人都有。甚至我们都有过模仿偶像，并幻想某天能走上偶像道路的时候。或许"追求卓越，成就不凡"的梦想就是从那个时候开始的。

有自己崇拜的人当然不是一件坏事，因为我们的偶像可以成为我们的动力、我们的目标、我们前进的加速器。但是，是不是因为如此，我们此生的目标就是要成为和偶像一模一样的人，就要走上偶像的道路？

即便我们能走上和偶像一样的道路，我们就能成为偶像那样的人吗？就能达到偶像的人生高度吗？显然，这并不确定，甚至可以说是不太可能的。因为每个人都是独一无二的，你的偶像所走的道路也是独一无二的，你没办法复制他的道路。即便你按照他的每一步去走，你也很难成为他，更难超越他，顶多只能屈居他的成绩之下。

也就是说，你再努力也只是能成为"某某第二"。而你甘愿一辈子做"某某第二"，永远笼罩在别人的光环之下吗？只要别人提起来你时就会说："哦，就是他呀，就是'某某第二'嘛。"而你的名字呢？却被大家所遗忘。而这样的你，就是你期望中的"卓越和不凡"吗？

看来，做"别人第二"，永远难以达到真正的卓越和不凡，只能让你陷入平庸和尴尬的境地。尤其是对那些从事艺术创造的人来说，做"别人第二"更是会埋没自己的才华，限制自己的发展。

有这样两位画家，他们在小时候都有各自崇拜的人，但长大后他们取得的成就却完全不同。

维克托是一名法国少年，从小就喜欢画画。他父亲是位外交官，与大画家毕加索是好朋友，于是就想让维克托拜毕加索为师，让毕加索教儿子画画。毕加索看了看维克托的画，当场拒绝了维克托父亲的请求。

"为什么？"维克托的父亲不明白，老朋友这么不给自己面子。

毕加索这样回答他说："你儿子的潜质不错，但是你想让他做一个真正的画家，还是想让他成为毕加索第二？"

"当然希望他能够成为一个真正的画家！"维克托的父亲答道。

"那么你就把他领回去吧。"毕加索说。

于是，维克托回到家中独自练习画画。几十年后，维克托的画第一次进入苏富比拍卖行，一幅画拍到160万英镑。即使他的画价只有毕加索的几十分之一，但他仍非常高兴。记者采访他时，他感慨地说："虽然我的画作没有毕加索的价格高，但这是我维克托的作品，是我自己的风格。我庆幸毕加索当年没有收我为徒，不然，我只能成为毕加索的影子。"

而中国也有一位喜欢画画的少年，从少年时代起就拜著名画家张大千为师。他很努力地学画，极力模仿老师的作品风格，以至于别人一看，就知道他是张大千的弟子。当他人纷纷夸奖他画得真像时，他这么说："我之所以有今天，与大师的言传身教分不开啊。"

于是，上世纪80年代，法国画界多了一个流派——视幻艺术派，代表人物就是维克托。而中国则多了一位张大千的真传弟子，至于他的名字嘛，大家却都不知道。

两个喜欢画画的少年，一个最终成了知名画家，一个却不为人知。难道是因为他们的天赋和努力有所差别吗？当然不是，而是一个在做自己，一个却在复制别人。所以，前者最终成为独一无二的自己，而后者却只是别人的影子。而那个独一无二的自己才是人们眼中的卓越人物。

这就是做"别人第二"和做"自己第一"的区别。做别人第二只会让你越来越平庸，而做自己第一则会让你越来越卓越不凡。

如同我们一提起耶鲁大学，心中就会浮现出那个人文学科特别优秀、耶鲁精神影响深远的形象。我们心中为什么会浮现出这样的形象？因为耶鲁在众多大学中独树一帜，在某些方面达到了别人无法超越的地步——它有自己鲜明的特色，而在这些特色方面达到了第一的高度。耶鲁知道，要做就做自己第一，做别人第二永远不可能是最卓越的。

现代社会中，许多人的心态都很浮躁，这些人更愿意模仿而不是独辟蹊径走自己的路。因为模仿，可以在较短的时间内得到一些实质的利益。而自己去探索和创新却需要走很长的路，很多人急功近利，因此就放弃了自己努力的过程。但是，急功近利的人又能走多远？他们如同昙花一现，淹没在一大堆相似的人群里，被大家遗忘。

因此，真正有想法、有实力的人不会去做别人第二，真正有所追求的人不会甘心屈居第二。并不是他们非要做第一，他们只是想做自己的第一，让自己得到他人的肯定和认同，这比成为别人第二要有成就感的多。

所以，别再梦想着成为谁谁谁，而是从现在起就树立起勇敢做自己的目标，成为独一无二的、有自己风格和特点的人。只有做自己的第一，才才成为最卓越的人；只有做自己的第一，才是你此生该追求的境界和高度。

有远大志向的人永远不惧打击

　　人这一辈子不可能永远听到赞同和肯定的声音，也充斥着质疑、反对等打击的声音，冲击着我们的心灵。有些人在这些打击面前变得异常脆弱，他们会想"唉，他们都不看好我，我还是不要干这件事了。""这么多人都反对，可能我的想法真的是错的。"于是，他们就此放弃了自己想做的事情，与此同时，可能也会与卓越擦肩而过。

　　但并不是所有的人都这般脆弱。还有一些人顶住了压力，屏蔽了打击，甚至把打击当作他们的动力，这样的人往往认为："你们不是认为我做不到吗？我就做给你们看看！"这些人有股子倔劲儿，并不是他们故意要跟别人较真，而是在他们心中，远大志向的强大力量使他们的内心变得坚强起来，所以，他们不畏惧任何打击。

　　而那些随随便便就放弃自己梦想的人，或许本来就没有什么远大的志向。他们只是把志向当作他们的谈资、他们的装潢，用以随意聊聊、装装门面，至于能不能实现，根本无所谓。所以，别人一泼冷水，一打击他们，他们也就作罢了。因此，这些抵抗不住一丁点打击的人，也就称不上一个具有远大理想的人。

　　一个有远大理想的人，就不会把一时的打击放在眼里。哥白尼、布鲁诺、伽利略，哪个没受过沉重打击？但他们哪一个放弃了自己的理想？他们在遇到打击时，不是想到要放弃理想，而是想尽一切办法与打击作斗争，这样的人才有可能成就一番卓越的事业。

耶鲁大学和耶鲁学子们当然也遭受过打击，但耶鲁教育自己的学生：受到一点打击就轻易却步，无法成就卓越的人生，耶鲁也不可能成为所有人心目中最优秀的大学。

生活中，对于怀有远大志向的人来说，面对别人的打击往往能够做到不惧打击，继续坚持自己的梦想和目标，并不断努力前行，直到实现自己的理想。

有一个小男孩，他的父亲是个生意人，天天走南闯北做生意，小男孩因为长期跟着父亲东奔西跑，所以学习成绩很不理想。

有一次作文课，老师布置的作文题目是《我未来的梦想是什么？》。

小男孩对此很感兴趣，他冥思苦想，洋洋洒洒写了好几页。他的梦想是："长大后，我想拥有自己的农场，在农场中央建造一栋占地5000平方英尺的住宅，拥有很多牛车和马匹，让父亲过上好日子，再也不用四处奔波、辛苦劳作。"

小男孩信心满满，把作文交了上去，他觉得一定可以得到老师的表扬。但没想到的是，老师给他打了一个又红又大的×，并把他叫去问话。

"老师，为什么给我打×？"还没等老师开口，小男孩先不解地问老师。

"你觉得你的梦想能实现吗？你现在学习成绩那么差，你将来能买得起农场、建造5000平方英尺的住宅吗？这简直就是空想，一点实现的可能都没有，拿回去重写！"老师严厉地批评了他。

男孩情绪很低落，他不明白自己的梦想为什么被老师视为空想，难道自己没有树立远大志向的权利吗？他把这件事告诉了父亲，父亲语重心长地对他说："你有自己的志向很好，我认为比起你的志向，老师那个大红的×一点都不重要，你不要把这件事放在心上，而是尽力去实现自己的梦想。"

爸爸的话让小男孩豁然开朗，他把父亲的话牢牢记在了心中。他没有重写那篇作文，因为他不会改变自己的志向。二十年后，这个男孩真的拥有了一大片农场，并在这个农场的中央建造起了一栋舒适又漂亮的豪宅。这个男孩不是别人，就是美国著名的马术师杰克·亚当斯。亚当斯当年不惧老师的批评和打击，并不是他小小的心灵足够坚强，而是他远大的志向给了他强大的力量。

当我们在追逐自己梦想的时候，往往会听到反对、不屑等不同的声音，我们的意愿有时会被这些声音左右，从而放弃自己的梦想。如果真的是这样，就是我们人生最大的损失，因为我们失去了让自己卓越的机会。

人一辈子，有谁是为自己真正负责的？只有自己。别人的意见只是隔岸观火，没有几个人能真正了解我们自己，所以自己梦想的正确与否，旁人并不能妄自判断或干预。因此，我们没必要因为他人的打击而怀疑自己或耿耿于怀，甚至放弃自己的理想。而且，随随便便放弃自己志向，也是对自己不负责任的一种表现。人要有为自己负责的胆识和勇气，不能被他人的说辞轻易影响。

拥有不凡的智慧，才能成就不凡的一生。想成为卓越的人，就不要惧怕批评与嘲笑。。因此，不要理会别人质疑，不要让这些打击影响了你追求远大志向的热情。在远大的志向面前，批评不堪一击！如果你能这样理解和对待他人的打击，意味着卓越和不凡的基因已经在你的体内启动！

感谢对手给了我们追求卓越的动力

竞争对手，让人既"爱"又"恨"。

"恨"的是，他不光抢走了我们的机会，而且他不是跑在我们的前面，让我们怎么也追不上，就是仅仅追赶在我们的后面，让我们恐慌担忧。因为竞争对手的存在，我们无法放松，生存空间也会越来越小。

"爱"又是因为什么呢？因为由于唯恐竞争对手抢走我们的机会，我们只有加快自己前进的脚步，壮大自己的实力，让自己变得越来越优秀，才能在与对手的竞争中抢占先机，获得生存的机会。因此，对手的存在间接促进了我们的进步。

在市场经济中，每个人都不可避免会遇到竞争对手。关于竞争对手存在的利弊，我们应该从两方面看待：一方面，竞争对手的出现会成为我们前进的阻力，那些实力强的竞争对手总是比我们更有可能赢得机会；另一方面，实力强劲的竞争对手在食物链中，就好比是"大鱼"，而实力不敌的我们就好比是"小鱼"，为了不被"大鱼"吃掉，我们只有赶快成长、进步，努力让自己早日变成"大鱼"，才能让自己变得越来越强大、越来越优秀。

可见，竞争对手，是我们追求卓越的动力。试想，如果没有竞争对手的存在，我们还用这么努力、这么拼命、让自己变得更强大吗？如果没有竞争对手，虽说我们没有了生存和发展压力，可同时也失去了成长和进步的动力。反过来，竞争对手也害怕我们越来越强大，有一天会超越他们，把他们"吃掉"，因此，他们也要不断进步，不断超越自己。所以，我们与竞争对手之间其实是一个互相促进、彼此成长的关系，它会让竞争的双方更卓越、更完美。

耶鲁大学也有很多竞争对手：哈佛、麻省理工……哪一个实力都不容小觑。如果没有它们的存在，也许耶鲁也不会像今天这么出色。为了赶超对手，耶鲁只有把自己变得更优秀才行。可见，对手的存在客观上成就了耶鲁的卓越。

所以，不要害怕对手，而要感谢对手，感谢对手给了我们追求卓越的动力。

日本北海道是一个风景优美的地方，这里盛产一种味道极为鲜美的鳗鱼。附近的许多渔民都以捕捞鳗鱼为生。但是这种鳗鱼的生命却很脆弱，一旦离开深海非常容易死掉，所以渔民们带回家的鳗鱼往往都是死的。但是，有一位老渔民捕捞到的鳗鱼却总是活蹦乱跳的。这可奇怪了，为什么他的鳗鱼会是这样的呢？

因为别的渔民捕捞的鳗鱼都是死的，所以这位老渔民的活鳗鱼卖出的价格是死鳗鱼的好几倍。没过多久，老渔民就成了当地有名的富翁，而其他的渔民却只是维持简单的温饱。因为不清楚鳗鱼活的原因，所以大家纷纷传言，老渔民有一种让鳗鱼保持生命力的魔力。

后来，老渔民生病即将去世，离世前他终于把活鳗鱼的秘密公布了出来。原来，老渔民在捕捞上来鳗鱼之后，就将鳗鱼放置在容器里，并加入了几条叫作"酗鱼"的杂鱼。这几条杂鱼是鳗鱼的"死对头"，见到鳗鱼就咬食，鳗鱼为了躲避这些杂鱼的袭击，只好不停地奔跑，于是，死气沉沉的鳗鱼就这样被"激活"了，一直到售卖的时候还是活蹦乱跳的。

原来是鳗鱼的"死对头"让鳗鱼保持了旺盛的生命力。老渔民的聪慧让大家无不称奇。

老渔民的做法确实让大家意想不到。用竞争对手让鳗鱼保持生命力和斗志，使它活得更长久。这也说明了，竞争对手的存在会让我们变得更加卓越和优秀。

这个道理通俗易懂，因为现实生活中有很多这样的例子。在一些大城市里，竞争很激烈，但是公司的员工却往往更卓越、更优秀。而在一些安逸的、缺乏竞争的公司中，员工不但越来越平庸，公司也缺乏活力。这不就和上面的故事是一样的道理吗？没有竞争的地方往往是死水一潭、死气沉沉，而一旦有了竞争，则斗志昂扬、激情四射，这正是竞争的力量所在。

耶鲁就从不畏惧对手的存在，对手越强大，它越是充满斗志。一个卓越的大学就是这样，把对手的挑战当作激励自己不断进步的动力。所以，耶鲁始终和哈佛、麻省理工这样的一流大学并驾齐驱，从来就没有掉队。如果没有这些优秀竞争对手的存在，耶鲁也许不会像今天这般卓越与优秀。

现代社会是一个"弱肉强食"的社会，没有人可以拒绝和躲避竞争。所以，与其把竞争当成可怕的敌人，不如把竞争当作自己前行的动力，在对手的不断追赶下，或在追赶对手的过程中，逐渐强大自我。

"温水煮青蛙"的故事我们都听过，竞争对手的存在就是为了防止我们变成温水里的青蛙。所以，竞争对手的存在不是给了我们一条死路，而是给了我们一条生路。所以，我们应该感谢竞争对手，因为他们让我们有了危机感，激发了我们追求卓越的动力，使我们变得越来越优秀。

梦想需要自己去实现，而非别人给予

我们常说"实现梦想，实现梦想"，就是说梦想是需要自己付出行动和努力去实现的。如果我们的梦想是别人给予的，那梦想的实现就失去了意义。

因此，梦想由自己亲自实现，才能称得上是真正的梦想。耶鲁深刻明白这个道理，今天的耶鲁是耶鲁人自己经过 300 年长期的奋斗过程得来的，不是政府帮助一下子建立起来的。耶鲁毕业生里不乏总统、政坛要人、科学家或是企业明星，他们哪一个不是自己一点一滴亲手实现自己梦想的。

因此，真正的梦想应该由自己来实现，不能假别人之手，更不能直接地索取或接受别人的馈赠，那就失去了梦想的意义与价值。

有这样一位落魄的青年，他最大的梦想就是拥有一套漂亮的别墅，每天晚上能站在窗前欣赏美妙的月色。可是他觉得永远都无法实现这个梦想，因为他现在一无所有，没有任何能力去实现这个梦想。

这一天，他流浪到一个富人区，在一座漂亮的房子面前站住了。他站在楼下，朝着楼上的窗口望去，那里灯光很温馨，他幻想着房间里有张舒服的床、有壶暖暖的热水……这时，一个和他差不多大的男孩走了下来，来到他身边问道："你为什么站在这里？"

这个青年答道:"我在想我什么时候才能实现我的梦想。"

男孩问道:"你的梦想是什么?"

青年说:"我现在的梦想就是希望能够躺在一张宽敞的床上舒服地睡上一觉。"

男孩拍了拍他的肩膀说:"朋友,我现在就让你梦想成真。"

于是,男孩带这位青年来到了他的家中。男孩的家里富丽堂皇。卧室里,洗澡水和舒服的床已经准备好了,男孩指着软软的床说:"你就在这里睡吧,非常舒服。"青年点了点头。

第二天清晨,男孩起床后来到青年睡觉的卧室,却发现床上的一切都整整齐齐,分明没有人睡过,而那个青年却不见了。男孩来到花园,却发现那个青年正躺在花园的一条长椅上甜甜地睡着。

青年睡醒后,男孩问他:"你为什么不在床上睡呢?"

青年只是回答:"谢谢你!"说完,头也不回地走了。

20年后,这位男孩收到了一封请柬,请他参加一个度假村的建成庆典。这封请柬的落款是"一个20年前的朋友"。

男孩来到庆典现场,主人立刻迎了上来,拉着他走向主席台,说"今天,我要感谢一位老朋友,他是我成功路上第一个帮助我的人。"说完,他紧紧拥抱着男孩。

男孩这才看清楚这个人就是20年前的那位青年,他又问起那个20年前就问过的问题:"当年,你为什么不愿意睡在床上呢?"

这位青年对男孩说道:"当你把我带进卧室的时候,我一阵惊喜,我没想到梦想这么容易就实现了。但我同时也觉得,这一切好像没有我想象中那么快乐。因为我知道那张床不属于我,你给我的不是我的梦想。梦想不是别人的赠予,更不能靠别人的施舍,而要靠自己去奋斗。因此,我没有睡在那张床上。而现在,我亲手实现了我的梦想,虽然用了20年的时间,但是此刻,我无比幸福。"

这个故事说明了一个道理：梦想要靠自己的努力去实现。虽然青年想尽快实现自己的梦想，但当别人真的把梦想放在他手上的时候，他又放弃了。因为他发现，这样的梦想一点意义都没有，这样的梦想，根本就不是他想要的。

什么是真正的梦想？应该是由自己去追求的，而且能被自己长期拥有的，并完完全全属于自己的。但男孩给青年的梦想不是他自己奋斗得来的，而且转瞬即逝，也不可能真正属于他，所以这不是他想要的梦想。

克里斯托夫·里夫曾经说过："梦想越是美丽，就越遥不可及。"是的，这就是梦想的魅力——遥不可及。如果马上就实现了，或是别人赠予的，那还有谁会觉得宝贵而珍惜呢？因此，去亲自实现自己的梦想，不要接受别人的馈赠，也不要妄想会轻而易举地得到。

真正的梦想是不容易实现的，否则就不叫梦想了。梦想的价值还在于追梦的人都有着"追求卓越、成就不凡"的豪情壮志，而且通过自己的努力，让自己变得越来越卓越，成就不凡的事业，才是追梦人的真正梦想！

准确清晰的目标，会助你走向卓越

"追求卓越，成就不凡"是耶鲁精神之一，那么，耶鲁大学当然是这种精神的奉行者。例如在对耶鲁校长的挑选方面，耶鲁就严格按照卓越的要求进行甄选。首先将人选局限在自己的毕业生范围内，因为耶鲁相信自己的毕业生更为卓越。刚开始选择的范围还算较为宽泛，但进入20世纪之后，选择校长时可谓是百里挑一，标准极其苛刻。比方说，耶鲁第15任校长格里斯沃尔德的当选过程就极为复杂而慎重。首先，学校董事会用了10个月的时间来研究此备选人，然后他们精心挑选了50位耶鲁教职工，让他们和耶鲁的领导一起研究和探讨格里斯沃尔德是否有资格当选校长。这个过程是漫长而又复杂的。但耶鲁的校长需要优秀和卓越，要经得起大家挑剔目光的考验。

但对什么是卓越，耶鲁有着自己的标准。比如什么样的人，才有资格担任耶鲁校长？那就是———一位学贯古今，并对未来有明确设想的人。耶鲁认为，这样的人，才称得上是卓越。

对未来有明确设想，也就是说，有清晰而又准确的目标和明确的规划。耶鲁认为只有这样的人，才具备卓越的因子；只有这样的人，才能够胜任耶鲁校长的职位；只有这样的人，才有可能带领耶鲁走向更加卓越的明天。

这样说自然是有道理可循的。卓越是一个模糊的概念，若没有具体的目标、具体的规划,那么要如何才能实现卓越?一个只想成就卓越,却不知道去做什么和如何去做的人,又怎么可能会变得卓越呢?徒有迷茫和空想当然是没用的,要按照具体的步骤有计划地去实施,才有可能迎接卓越的到来。

在一个高尔夫球场,一位中年绅士正在打球,这位绅士是当地赫赫有名的成功人士。这时,一位青年帮他捡到了球,走到他身边,犹犹豫豫地问他说:"先生,我能问你一个问题吗?"

"当然可以啊!"绅士答道。

"嗯……怎么样才能像你一样成功?"青年认真地问他。

"哦,那你想通过做什么事情达到成功呢?"绅士问道。

"不知道,我也不知道想做什么。"

"那你想在什么时候实现你想象中的成功呢?"绅士继续问道。

"哦,这个问题我也没有想过。"青年露出了困惑的眼神。

"这么说,你想做什么,想什么时候实现成功,你都没有目标和计划?"

青年有点激动:"我有目标啊,我的目标是有一天和您一样成功啊!"

"这不是目标,小伙子,你那叫幻想。目标要清晰、准确而又具体。而你的"目标"只是一个模糊的概念。没有清晰的目标和具体的实施步骤,你永远实现不了你的梦想。"

青年听着他的话沉默了。

"这样吧,小伙子,你回去写一份计划,写清楚你想做的事情,想做到的程度,想怎么样去做,每一个步骤都要写清楚,最后写明你什么时候能做成这件事,写完之后拿给我看。"

一星期之后,这个青年来找他。绅士看了看他写的计划,上面写道"想成为一个高尔夫球场的经理,先从球童开始做起,熟悉球场的每个工种,5年后成为一名高尔夫球场的经理。"

"很好!小伙子,你写得很好!就按照这个计划朝着你的目标去努力吧,

5年后，你一定可以成为高尔夫球场经理的！"

有上进心是不是就能成功？当然不是！没有具体的目标和计划，空有上进心，只是幻想。假如只是想成为卓越的人，但却不知道如何才能成为卓越的人，那么卓越的想法只是一纸空谈。所以，空泛的理想并没有用，一定要化为清晰而准确的目标，而且是切实可行的目标，并且要有实现目标的具体计划和步骤。

光想着"追求卓越，成就不凡"，却从没想过如何成为一个卓越的科学家，还是一个卓越的作家，从来就没想过要往哪儿走，这样的话，怎么可能到达成功的终点呢？因此，一个准确而又清晰的目标比一个模糊的梦想重要得多。

明确了你的目标，也就找到了努力的方向，再规划出你要走的步骤，并立即采取行动，坚实地一步一步往前走，就会越来越接近自己的目标。这样的人，才是一个懂得掌握人生的人，也才能走向卓越。

一个准确清晰的目标，有着激发潜能的作用，它能够把你的潜能变成现实。富兰克林就曾经说过："一个能力很一般的人，如果有个好计划，就会大有作为。"所以，我们也要给自己设立一个准确而清晰的目标。这个目标可以是大目标，也可以是小目标。一个卓越的人应该具备自我规划的能力，而不是像一只无头苍蝇到处乱撞，那样不仅撞不到你人生的顶点，还会把自己撞得晕头转向。

因此，给自己设定一个准确清晰的目标，瞄准你的目标射出你的靶子，这个靶子自然会把你带到一个你所能企及的人生高度！

第七章

虚心包容，方显胸怀与气度

"兼容并包，海纳百川"，没有这样的胸怀，难有不凡的气度。我们应该有包容一切的胸怀：对待家人和朋友，我们应该包容，因为他们的每一句忠告、批评、提醒，都是为了给我们指点迷津、纠正人生方向；对待对手和敌人，我们应该包容，因为他们的每一句攻击、诋毁、侮辱，都是用最深邃的目光洞察到了我们身上存在或潜在的缺点，并在不知不觉间激发了我们的斗志；对待不同的声音、不同的观点、不同的新鲜事物，我们应该包容，因为它让我们的知识越来越广博，自身越来越强大。因此，对于所有的一切，我们都要包容，因为它们能够拓展我们的心胸，促使我们形成不凡的气度，最终拥有博大精深的内涵。耶鲁正是靠着这种兼容并包的思想，才拥有了今天的地位。让我们学习耶鲁兼容并包的伟大精神吧，这种精神会让我们变得像耶鲁一样越来越优秀！

兼容并包，才能博大精深

　　一所大学之所以能成为世界知名的一流大学，这与它宽广的胸怀密不可分。能有包容一切的胸怀，方显名牌大学的气度。耶鲁之所以对美国有突出贡献，不是因为它像一个整齐排列着既定观念的"浅盘"，而是因为像一口包容各种不同观念的"大锅"。的确，大学是"囊括大典，网罗众家"的机构，应该自由发表各种不同的思想和观点。包容能让自己博大，而博大才能往精深发展。

　　自由本是耶鲁精神之一，耶鲁特别赞同自由的思想及自由的学术空气，这个传统历来之久。1804年，耶鲁还是一所保守的宗教学院，但年轻的本杰明·西利曼教授在第8任校长德怀特的支持下举办了系列化讲座，说明耶鲁虽然思想观念上保守，但在对待科学的态度和行动上则是求实、自由和开放的。耶鲁本以文科教育为主，但在这以后的50年间，西利曼教授渐渐开设了化学、自然、历史、地理、矿物等理科课程。课程的丰富不仅是一场课程革命，也是耶鲁办学思想的进步，表明耶鲁逐渐背离创建时的宗教目的，转向了培养人才的宏大目标。

　　耶鲁不仅容纳了更多的课程，也包容了其他各种思想流派，这使得耶鲁的学术活动生气勃勃、卓有成效。耶鲁的包容性在耶鲁大学还处于带有极强宗教性特征的殖民地学院时期，便已经显现出来。因为耶鲁的包容和开放，那些有名望的政治家、评论家、作家、科学家、艺术家和新闻记者等各界人才，源源不断地涌向耶鲁，因为这里有着无可挑剔的服务及热情的听众。这些来访者给耶鲁增添了异彩，扩大了耶鲁对世界的影响。耶鲁同时也教育其学生要树立宽容、忍让、尊重、公正、坦诚的精神，从而使耶鲁自由的学术空气代代相传。

耶鲁大学在包容方面的胸怀可谓之大，甚至可以包容批评、讽刺、挖苦的声音。

2001年，耶鲁大学举行300周年校庆典礼。在这次典礼上，耶鲁被一位学子狠狠地讽刺了一番。

拉里·埃里森曾是耶鲁大学的一名学生，但他却因某种原因被耶鲁大学开除。后来他经过自己的努力，成为一家公司的CEO，并荣升为世界第四大富豪。在这次庆典上，耶鲁特地邀请他为耶鲁的师生演讲。

这位曾被耶鲁开除的同学发表了一番惊世骇俗的言论："耶鲁大学的师生们，你们不要以为你们就是成功者，其实你们全都是失败者！你们以为在这里念书很光荣吗？那是因为这里出了很多杰出的人物，但这些杰出人物却丝毫不以在知名大学读过书为荣。非但不以名校为荣，他们还常常舍弃这种荣耀。世界第一富豪比尔·盖茨中途退学；世界第二富豪保尔·艾伦根本就没上过大学；世界第四富，也就是我埃里森，被耶鲁大学开除；世界第八富戴尔，只读过一年大学。为什么微软总裁鲍尔默在财富榜上排在十名开外，他与比尔·盖茨是同学，为什么成就比他差呢？因为他在大学读书的时间太长了，他读了一年研究生后才恋恋不舍地退学，他如果早点退学，也许他的成就要盖过比尔盖茨。所以，同学们，在这里念书没有你想象中那么光荣。不过，在座的各位也不要太难过，你们还是很有希望的。你们的希望就是：经过这么多年的努力学习，终于赢得了为我们这些退学者、未读大学者、被开除者打工的机会……"

埃里森的话讲完，耶鲁的全体师生震惊了。他这样抨击耶鲁大学，耶鲁会作何反应呢？只见耶鲁大学典礼的主持人深深地向他鞠了一躬，然后对他的演讲表示感谢，感谢他出席学校的庆典并发言。

这就是耶鲁的气度！没有宽广的胸怀和非凡的包容心，如何能接受这样的言论？耶鲁的包容不仅显示了自己的气度，更赢得了社会的尊重，包括他的质疑者。

耶鲁为什么能做到如此的兼容并包？因为它知道只有包容才能壮大自己、发展自己，只有包容才能使其博大而精深。

兼容并包才能博大精深。不仅对一所大学是这样，对一个人也是如此。包容，就是容许和自己不同的声音存在，就是吸纳多方的营养，这会在不知不觉中丰富自己、发展自己、壮大自己的实力。

其实，这个世界也是一个包容的世界，大自然就是一个包容的世界。我们人类不但容许善的存在，甚至在某种程度上也得容许恶的存在——我们允许益鸟、益虫存在，同样也得允许老鼠、苍蝇的存在——这就是一个包容的世界。

人类的善与恶、进步与落后，正是在互相斗争中发展前进的。有一些丑恶和落后的东西，如果你不容许它充分地表现和表演，又怎么能认清它的真面目？有一些异己的东西，如果你将它全部灭绝，就有可能会给自己带来损失。例如为了保护善良、温驯的鹿群，而将凶恶、残忍的豺狼赶尽杀绝，那结果会怎样？鹿群数量急剧膨胀，老弱病残之鹿迅速增长，严重影响了鹿群的质量，鹿群的生存就会出现生态危机！因此，包容是为了自己更好的生存，我们应该包容和自己不同声音、不同事物的存在。

兼容并包才能博大精深，拥有包容的胸怀才能拥有非凡的气度。因此，无论是对一所大学还是对一个人来说，兼容并包才能使我们更好地生存和发展。

心如空杯，方能容纳一切

我们知道竹子是空心的，但却又高又绿，且一年四季郁郁葱葱；我们也知道麦子在颗粒饱满时，头低得最为厉害。如同我们人类，越是成熟的人越虚心、越谦卑。的确，"虚心使人进步，骄傲使人落后。"这已经是我们听过很多遍的老话了。为什么提倡大家要虚心？因为只有虚心，才能接受更多外在的事物，才能包容和自己不同的东西，正所谓"虚心才能包容"。

适当表现一下自己的才华、特点、能力，当然更容易赢得机会，但是，如果你同时能保持谦逊的态度，多听取别人的意见，就会使你本身变得更为强大，同时也能显示出你宽广的胸怀。

孔子说"三人行，必有我师焉。"这句话就是要我们善于吸收他人的优点。即便他人的一些特点和我们很不一样，也不代表就没有学习的价值，也许别人的不同正好能弥补我们的不足。即便我们一时接受不了他人的意见，也要抱着谦虚的态度听一听、想一想，因为只有吸收他人的力量才能壮大自己。就像大海一样，难道一开始就是大海吗？当然不是，而是容纳了所有的河水才汇聚成了大海。所以，先有兼容并包而后才能博大精深，有大海一样的胸怀才可能有恢弘磅礴的气度。

耶鲁的博大精深和非凡气度也是这样，接受外界对它的批评、质疑、挑衅、嘲弄，哪怕是面对面的嘲弄，耶鲁也会用虚心的态度去接受、去包容，然后去反思。对方如果说的是对的，就虚心接受并改正；如果是错的，那么就一笑了之，不去计较。

为什么那些成功的人士总是具有宽广的胸怀？因为他们知道只有虚心包容他人，才能让自己的收获越来越多。虚心和谦卑并不代表自己的示弱，反倒显示出对他人的尊重，因此，谦逊之人总能受到他人的欢迎。

梅兰芳是我们熟知的京剧艺术大师，他博大精深的艺术造诣和不凡的气度正得益于他虚心的处世态度。

作为一代京剧大师，梅兰芳曾拜过很多老师。齐白石是他的绘画老师，他对这位老师总是虚心求教，执弟子之礼，经常为白石老人磨墨、铺纸，从来没有因为自己是京剧名角而骄傲。

有一次，这两位大师共同参加一个宴会。齐白石先生一身粗布衣服先到了宴会现场，一大堆西装革履和长袍马褂的宾客却没人理会齐白石。梅兰芳到了宴会之后，宴会主人笑脸相迎，其余宾客也一拥而上和他握手寒暄。此时，梅兰芳却四下环顾寻找他的老师齐白石。终于在一个角落，梅兰芳看到了他的老师，连忙走到老师身边，嘴里亲切地叫着"老师"，向老人请安。梅兰芳谦逊的态度感动了齐白石，为此，他特向梅兰芳馈赠《雪中送炭图》一幅，图上题着这样一首诗：

"记得前朝享太平，布衣尊贵动公卿。

如今沦落长安市，幸有梅郎识姓名。"

这首诗赞扬了梅兰芳为人谦逊的态度。或许你会觉得齐白石是名家，梅兰芳才会对他这么谦虚。其实不然。即使是普通人，梅兰芳也会虚心请教，包容他人对自己的不同意见。

有一次，梅兰芳演出京剧《杀惜》，众人一片喝彩叫好。这时观众席里却传来一个喝倒彩的声音。众人纷纷谴责这个人说："你会听戏吗？梅兰芳大师的戏你能欣赏吗？"

戏散场后，梅兰芳来到观众席，特意把这位观众请到后台，寻问这位观众："我哪里不好？请您指教。我有则改之，无则加勉。"

这位观众指出了他的一些不足，虽然说的不是很专业，但梅兰芳还是虚心接受了他的意见。

作为一代京剧大师，梅兰芳尚能如此虚心接受他人的不同意见，何况是我们这些有许多不足之处的普通人呢？是的，越成功的人越虚心，越虚心的人越成功，这是一个良性的循环和一个互相促进的过程。

宽广的大海从来不会向世人叫嚣："看，我的地盘多么大！我拥有的多么多！"而是不动声色地告诉大家："都汇集到我这里来吧，我有包容一切的愿望。"是的，只有先敞开胸怀，善于吸纳不同的意见，才能使自己的胸怀越来越博大。

耶鲁刚刚成立时，只是一个十几个人的教会学校，如果不吸收各方的意见，不学习其他大学的优点，是不可能发展到今天这个规模的。但是，吸收他人的优点是很容易做到的，难的是接受反对、批评的意见。因为反对和批评会伤害你的自尊、面子甚至是荣誉，所以，很多人都无法接受负面的声音。可是，耶鲁却做到了。哪怕是面对面的刺耳嘲讽，耶鲁也以微笑的姿态予以接受。这是怎样的虚心啊！这才是真正的包容！能达到这种包容程度的耶鲁，怎么可能不强大呢？

所以，在听取别人意见时，放下心里那个自我，让自己的心形成一种"空杯"的状态，才能容纳各种不同的东西。

想要博大精深，离不开兼容并包的态度。想要拥有兼容并包的态度，少不了宽广的胸怀。而做到了这一切，你一定会有一番大家的气度，也一定会像耶鲁一样，拥有出色、傲人的成绩！

独善其身会令你活得狭隘

《孟子·尽心上》："穷则独善其身，达则兼善天下。"这里的"独善其身"，究竟是何含义？在现代人看来，这多少有些清高之意，不屑与他人为伍，不太愿意听取别人的意见，活在自认为完美的世界里，带点理想主义的色彩。

但是，让我们来看看独善其身会造成什么样的后果——不屑与他人为伍，你会很孤独，无法感受到团队精神的力量；不太愿意听取别人的意见，你会发现不了自身的问题，无法得到进步；喜欢活在自认为完美的自我世界里，你的世界会越来越小，思想也会越来越局限；多少带有点理想主义的色彩，会让你自命不凡，不怎么太接地气。因此，独善其身除了让你获得一个"清高"的"美名"外，只会让你活得越来越狭隘。

而且，刻意地独善其身，或者说过于独善其身，会让你失去许多发展的机会。因为独善其身的人很难做到兼容并包，所以也很难达到博大精深。而且独善其身在许多人眼里总有一些小家子气，这样的人自然不可能有什么气度可言。

特别是一些有点才华或自我感觉良好的人，他们总是排斥别人的意见，不喜欢让别人的意见左右他们的想法，很难包容别人的声音，看不惯社会上的很多事情，甚至刻意远离这些他们不太认同的事物。他们认为自己保留了"优秀"的本质，可实际上他们正在远离优秀。他们自认为活得很自我，但其实他们失去了兼容并包的能力，所以也失去了成长、成熟和全面发展的机会，这样的人永远达不到博大精深，更谈不上胸怀和气度。

耶鲁大学也曾独善其身，一所知名大学总是多多少少有点清高的。好在耶鲁还是很快认识到了清高也需适合而止，认识到了清高并不是彻底排斥不同的声音，认识到了清高和兼容并包并不对立，于是他们很快从清高走向了兼容并包，这才有了耶鲁今天的博大精深。

但是，并不是所有的人都有耶鲁这样的胸怀和气度，能够放下独善其身的清高，让自己变得兼容并包，有时，就连伟大的科学家都未必可以做得到这点。

爱迪生，一位鼎鼎大名的科学家，在科学领域创造了无数奇迹，为世界做出了杰出贡献。他一生拥有1093项专利，取得了令世人赞叹的成就！这样一位伟大的科学家，却有些自负和清高。其实，爱迪生年轻的时候，并没有自负和清高，那时的他还是非常谦逊和低调的。他非常善于听取别人的意见，即使在自己已经取得了一些成就时，也经常主动征询助手的意见。

但是，晚年的爱迪生却完全变了。他的谦逊低调不见了，伴随而来的是极度的自负，他的这种自负甚至让身旁的人觉得不可理喻。爱迪生觉得自己的成就已经很高了，不需要天天埋头于实验室，不需要埋头苦干就能发明创造。

对于他人提出的意见，他更是有些不耐烦道："我不需要听取你们的意见，还有谁的想法比我更高明？"面对他的清高与自傲，助手们都离开了他。从此以后，爱迪生再也没有发明出什么东西，晚年的爱迪生干脆把自己一手创办的企业卖给了摩根。

自负、清高、自傲、独善其身，这些都是一些兼容并包的对立词汇，拥有这些特质的人其实很难做到兼容并包。特别是那些取得了成就的人，内心一旦开始膨胀，就会觉得自己无所不能，也不需要听取别人的意见了，于是，虚心和低调就都远离了他们。但与此同时，进步的空间可能也就此远离了他们。爱迪生晚年的经历不就是一个很好的例子吗？

保持自我是对的，但是因此就不去包容她人则是错的。人一方面要拥有自己的个性，坚持自己的优势或传统，但同时也要善于包容其他的一切，哪怕是听一听不同的意见，也会有收获。

这一点耶鲁就做得更好。耶鲁的办学理念较为传统和保守，但即便如此，耶鲁仍然包容了外界不同的声音和看法。所以说，不管别人说的是错还是对，我们首先要有听取不同意见的涵养，其次要有吸收不同意见的胸怀，惟有如此，才能到达博大精深的至高境界。

所以，一个人不管有多优秀，都不能狂妄，都不能活得过于自我，这会让你越来越狭隘。最终，不但你无法接受别人的意见，别人也不喜欢听取你的意见，因为谁都不喜欢跟一个狭隘的人接触和交往。

因此，不要独善其身，更不能固步自封，让自己的路越走越窄，而要兼容并包，让自己越来越大气，最终脚下的路才会越走越宽广。

很多优秀的人都很有才华，但有才华的人不见得都能变得很优秀。因为光有才华而没有宽广的胸怀和包容的心态，那么才华反而会成为你进步的桎梏。即便你没有过人的才华，但是如果你善于取各家之长为已所用，你同样能取得一番成就。所以说，一颗包容的心才最为重要。

而且，一个善于包容他人缺点的人，会让人觉得亲近、温暖，会让人不由自主地喜欢你，愿意和你接近；而一个独善其身的人呢？则会让人觉得冷冰冰、缺乏人情味、难以沟通和交流，这对你的为人处世和工作事业都是不利的。

因此，别再独善其身了，也别再自负、清高或是孤傲了。多一些包容，多听取一些别人的意见，你就会发现，你的世界不仅宽阔了很多，而且也会越来越博大精深。

能屈能伸的人都有宽广的胸怀

中国人常说："大丈夫能屈能伸。"为什么这么说呢？因为大丈夫就要有包容一切的能力，否则怎么称得上大丈夫呢？所以，能屈能伸体现了一种宽广的胸怀。但是，能屈能伸并不是那么容易做到的。因为委屈不是谁都受得了的，面对他人的嘲弄、打击、伤害、侮辱，你能轻易做到忍气吞声不做反抗吗？在中国人眼里，忍气吞声是弱者的表现，而非强者的姿态。

但是，我们所说的能屈能伸，不仅仅是能忍受委屈，而且要能张扬个性。今天的委屈是为了明天的张扬。一个人只有能暂时忍受委屈，才能有朝一日不再委屈。拥有这样胸怀和气度的人，才能称得上大丈夫。因此，能屈能伸的人其实是很能包容一切的人，而且能忍一般人所不能忍。所以说，能屈能伸不是一般人可以做到的，一定是有宽广胸怀的人才能具备的一种精神。

打算干一番轰轰烈烈的事业的强者，都有着能屈能伸的气度。因为他们深知，暂时的屈服不代表懦弱，反而是一种智慧的体现。

耶鲁就是这样的智者。当它在自己学校的庆典上，曾经被学校开除的学生公开嘲弄、奚落时，耶鲁人却用满脸的微笑包容了这种委屈。试问没有宽广的胸怀能做到吗？

所以说，能屈能伸方为大气魄！而在这方面，中国有一个典范，那就是曾经遭受"胯下之辱"的韩信。

韩信从小家境贫寒，连饭都吃不饱，不得不到街上要饭，因此很多人嘲笑他，说他一无是处。但韩信并不甘心这样的生活，他在想："自己做点什么才能改变自己的命运呢？"可是自己既不会溜须拍马、投机取巧，更不会买卖经商，除了研读兵书，也没有什么爱好和本事。于是，他希望自己将来能仗剑从军，在军营创下一番业绩。

有个财大气粗的屠夫很看不起韩信，他觉得韩信成天读书，就是个无用的书呆子，一点本事都没有。

有一天，韩信背着剑走在街上，这个屠夫当众拦住了韩信："韩信，你还想仗剑从军？我看你就是个书呆子、胆小鬼，如果你不同意我说的话，就一剑捅了我；如果你怕死，就从我裤裆底下钻过去。"说完，这个屠夫哈哈大笑，把双腿分开，摆好姿势等着韩信钻过去。

这一幕被街上的人看到了，所有人都围了上来看笑话。韩信看着嚣张的屠夫，恨不得一剑杀了他。但他觉得他还有没有完成宏图大志，男子汉大丈夫不能逞匹夫之勇，要能屈能伸。所以，他不顾众人的嘲笑，弯腰趴在地上，从屠夫裤裆下面钻了过去。所有的人都纷纷耻笑韩信。

从此，韩信就多了个"胆小鬼"的名号，所有人都瞧不起他。韩信则忍气吞声，把所有的委屈都咽在了肚子里，只顾埋头闭门苦读。几年后，各地爆发了反抗秦王朝统治的大起义。韩信闻风而起，仗剑从军，为大汉王朝的建立立下了汗马功劳，成为名传千史的一代名将。

韩信可谓是能屈能伸的典型代表。韩信的能屈能伸可不是委曲求全，更不是懦弱无能，而是不想逞一时之快，自毁前程，于是他包容了别人对他的侮辱。只有胸怀鸿图之志的人，才能忍受这样的委屈。因此，韩信的胸怀和气度不是一般人所能比的。当然，他最终所达到的成就也不是一般人所能企及的。这也说明了：胸怀越宽广的人，越能够忍受委屈，也越能有所成就。

不仅古时的韩信在面对他人羞辱时能够忍受委屈，美国的总统林肯也是个能屈能伸的代表人物。

林肯在参选总统竞选时经常要参加演讲。有一次在他演讲前，有一个人突然站了起来，对他说："林肯先生，在你开始演讲前，我希望不要忘了你是一个鞋匠的儿子。"

林肯知道这句话是对他的挑衅，但他没有动怒，而是微笑着对那个人说："谢谢你，在这个重要的时刻，又让我想起了我的父亲。我会永远记得你的提醒，不会忘记我有一个做鞋匠的父亲，我永远赶不上我的父亲，我不可能像他那样能做那么好的鞋子。不过，如果您的鞋子不合脚，我可以帮你改正它。虽然我的手艺没有我的父亲那么好，但也可以帮你改得不错。在座的其他人如果有要修鞋子的，我都义不容辞，谁让我是鞋匠的儿子呢。这一伟大的身份我永远都不会忘记，就像我永远都无法忘记我的父亲一样。"

林肯说完这段话，留下了眼泪。在座的所有人都送上了敬佩的掌声。

林肯用自己特有的方式化解了他人的挑衅，这种方式就是能屈能伸。难道林肯是在向他的反对者示弱吗？当然不是。他是在消灭敌人。当他用宽容的方式化敌为友时，他的敌人就消失了。这就是智者的表现，智者能容，而宽容能让自己变得从容，能让自己在无形间解决了尖锐问题。

这也是我们要学着包容的原因。在漫长的人生旅程中，我们会遇见形形色色的人，会遇到别人的恶意挑衅、恶意抨击，能包容这些的人，才是真正有肚量、有气度的人。所以，真正的强者应该像弹簧，而不是像直棍，要有弹性和韧性，而不是脆弱得一折就断。屈服是为了蓄力伸长，伸长是为了借力收缩，收缩是为了最终伸得更展。

能屈能伸方显气度，接受一切的声音，让他人的嘲弄成为你前进的动力吧！为了明天的伸展，我们现在就必须拥有宽广的胸怀。

宽容的人，说话不会咄咄逼人

什么是强大的人？是强硬的人吗？当然不是。强硬的人往往碰壁易折，这样的人其实很脆弱，和强大并没有什么关联。真正强大的人反倒是那些柔软的人、温和的人、宽容的人。这样的人没有强硬的态度，没有强迫的行为，也没有强势的语言，这样的人不会咄咄逼人。

宽容的人，往往容易相处。宽容并不只是包容别人对自己的伤害，更是善待别人、不伤害别人。一个宽容的人往往是外圆内方、绵里藏针的，他的处世技巧柔和，绝不锋芒毕露，而是让别人感到相处融洽，这样的人是很受大家欢迎的。

宽容的人都有一颗善良厚道的心，其次还有一张善良厚道的嘴。用善良厚道的心去包容别人对他的伤害，用善良厚道的嘴给别人温暖和阳光，这才是一个真正宽容的人。耶鲁人正是厚道的人，面对他人的挖苦讽刺，即便在自己的地盘上，也没有反唇相讥、咄咄逼人。永远不伤害别人，不损害别人的自尊，这才是真正的大气度。

不咄咄逼人，即便别人有错也不咄咄逼人，这种宽容，既顾忌了别人的面子和自尊，同时也得到了别人的感激与赞誉，树立自身高大的形象。这种两全其美的事，何乐而不为呢？

但有人却不这么想,他们认为咄咄逼人彰显自己好口才、能言善辩。或许你的咄咄逼人确实给对方留下了这样的印象,但同时也给对方留下了心胸狭窄的坏印象。

一个来自一所知名大学的年轻人,在广州一家大型外企工作,这是很多人都羡慕不已的工作单位。这个年轻人为此非常骄傲,他觉得没有几个人能有他这样的能力,能就职于如此厉害的公司。

有一天早上,他上班刚走出电梯,就和一个人撞了个满怀,这让他心情非常不好,于是他朝着跟他相撞的那个人大声吼道:"你怎么走路的?"

"不好意思,不好意思,我急着去拿东西,不巧你刚好从电梯出来。"那个人连忙解释道。

"不巧?我看很巧,你就是故意撞我的!"

"真的不是故意的,对不起,您消消气。"

"消气?消不了了。大早上就被你撞得心情很糟,我今天可怎么工作啊!你知道不知道我这个名校毕业的大学生一天不工作会给公司造成多大损失啊!"

"名校毕业的?哪个名校啊?说来我们听听。"围观的人们问道。

"我是咱们省重点大学毕业的,怎么了?这个公司里有几个这个大学毕业的?"

撞他的那个人仍然在道歉:"真对不起,如果您今天耽误了工作,我来补偿您的损失。"

"你来补偿?我的工作你会做吗?说得倒轻巧。"

旁边有人搭话了:"他怎么不会做?他是耶鲁大学的高材生。"

"啊?"周围的人都张大了嘴巴,年轻人也愣住了。

"你,你是耶鲁毕业的?"这个年轻人有些不相信。

"是。但不管哪里毕业的,撞到你都是不对的,我都要道歉。不好意思,以后我会注意的。"

这位年轻人不再说话了，他面带羞色地看了看对方，然后默默地走开了。

这位年轻人因为他是"名校"毕业的，说话就够咄咄逼人，但没想到碰上了一个更有名的名校毕业生。但是，耶鲁毕业的人没有咄咄逼人，他却咄咄逼人了，这是为什么？这和哪里毕业的无关，是和两个人是否有宽容的胸怀有关。两个人撞到了一起，谁撞谁并说不清楚，一句"对不起"，一句"没关系"，也就什么事情都没有了，偏偏这个年轻人说话咄咄逼人、不依不饶，正体现了心胸狭窄。

所以，宽容的人，往往会很快息事宁人、大事化小、小事化无，而缺乏宽容的人往往会小题大做、得理不饶人，让别人下不来台，这样的人走到哪里也不会受欢迎。所以，宽容的人总是令人钦佩，心胸狭窄的人总是惹人生厌。

为什么耶鲁的毕业生走到哪里都那么受欢迎？为什么提起耶鲁，人们总是交口称赞？这与耶鲁学子们所拥有宽容的可贵品质密不可分。所以，耶鲁的学子们才会在社会上获得人们的赞誉。

一个越是优秀的人就越是宽容，这不仅是在善待别人，同时也是在保护自己。因为锋芒毕露、咄咄逼人者多半会遭人嫉恨，那么，他人难免会打击报复，由此你将会为你的咄咄逼人付出代价。所以，宽容的人不吃亏，面对他人的咄咄逼人之势，退一步不是示弱，而是一个真正在保护自己的强者，是外圆内方的一种处事技巧。

所以，改掉你说话咄咄逼人的坏毛病吧！让自己拥有宽广的胸怀，你会发现，职场并没那么剑拔弩张，人际关系比以前好多了，大家的心情也会更舒畅，而你的一切也都发展得更顺利了。这，就是宽容的作用。

宽容他人，让彼此的心灵得到解脱

一个人活在这个世界上，难免会遭受别人的欺骗和伤害。这个时候应该怎么办？难道要将别人恨得咬牙切齿或赶尽杀绝吗？那样只会令你活得更加痛苦。而当我们自己欺骗和伤害到别人的时候，又会希望别人如何对自己呢？是不是很希望得到别人的谅解呢？所以对待欺骗和伤害，最好的办法是原谅，是宽容对方。

俄国著名文学家屠格涅夫说："不会宽容别人的人，也不配受到别人的宽容，谁能说自己不需要宽容呢？"宽容既被我们需要、也是他人需要的一种博大胸怀。

什么是宽容？有人是这么形容的："宽容就是一只脚踩扁了紫罗兰，而紫罗兰却把它的芳香留在了人的脚上，这就是宽容。"可见，真正的宽容是一种以德报怨，这是难以做到的。宽容那些欺骗和伤害过我们的人，的确很难做到，只有心中有爱、善良大度、心怀慈悲之人才能做到这样的宽容。

其实，宽容别人并不仅仅是为了原谅他人，让他人不再那么痛苦，同时也是将自己从痛苦中解脱的一种方式。不仅如此，宽容还可以让我们在这个世界上少一些敌人，多一些朋友。

或许有些人会觉得宽容伤害自己的人是一种纵容，这些人觉得伤害过他们的人就应该受到惩罚。可究竟惩罚更能挽救一个人，还是宽容更能挽救一个人呢？我们说，往往后者可以起到更好的作用。因为惩罚往往会引起人的逆反心理，但宽容却会激发一个人的羞耻心，而一个人在羞耻心的作用下往往会主动反省自己行为的过失。

所以，向耶鲁学习吧，学习耶鲁的宽容之心，拥有像耶鲁那样宽广的胸怀。有这样一则小故事，很是发人深省。

一个酒后开车的司机，把一个家庭唯一的儿子给撞死了。夫妇俩愤怒、痛苦、伤心，他们恨不得把这个司机杀了，替他的儿子偿命。但是，这样做并不能让自己的儿子死而复生！但是这样做却会使另一个家庭失去他们的孩子。这样一来，司机的父母不是也要承受和他们一样的痛苦吗？因此，他们知道，报复不能挽回什么，也不能解除他们心中的痛苦，只会让更多的人痛苦。或许只有原谅才是更好的做法。于是，他们想尝试着原谅这个酒驾的司机。

夫妇俩来到监狱，想探望这个司机，但是这个司机却没有勇气见他们。夫妇俩知道司机心怀愧疚，不敢见他们，于是连续去了好几次，最终见到了他。这位小伙子眉清目秀的，和他们的儿子差不多大。小伙子一直低着头不敢看他们。两位老人走上前去，轮流拥抱了他。这个拥抱让这个小伙子惊呆了，接着他流泪了。他向夫妇俩忏悔了自己的行为，请求他们的原谅。

从监狱回来以后，夫妇俩突然觉得心情比以前轻松多了，没有那么的痛苦和伤心了。他们发现，宽容比带着仇恨生活要轻松得多。虽然宽容伤害自己的人不容易做到，但是宽容却可以让对方快乐，而且也能让自己活得更好。

这就是宽容的作用——宽容别人不仅仅能让对方快乐，也能让自己快乐，因为宽容能让彼此的心灵得到自由和解脱。我们想想看，当你的内心充满怨恨和仇恨，你的心里就会被不愉快的情绪填塞着，这样的你怎么可能会快乐呢？而当你宽容了别人后，你的心也就释然了，你的心情会如宽阔的大海，平静淡泊、无边无际、海阔天空。

人不可能不与他人发生摩擦，如果不想让自己在痛苦和伤心中无法自拔，宽容是最好的办法。但要做到宽容，首先要像大气的耶鲁一样，拥有包容一切的胸怀和忍让的气度。睚眦必报的人做不到宽容，小肚鸡肠的人也只会永远把别人对你的伤害放在心里。这样的人怎能像耶鲁一样成就一番事业呢？

没有大肚量就不可能有大作为，没有大肚量就不可能有好心态，没有大肚量也无法赢得对手的尊敬。因此，宽容别人，不仅是原谅别人，更是成就自己，它能让自己变得快乐、让自己变得高尚，让自己拥有和耶鲁一样的不凡气度！

第八章

心系责任，越懂感恩的人越幸福

有许多感恩赢得尊重的世人典范：南丁格尔、曼德拉、比尔·盖茨，他们心系社会，胸怀责任，他们的一生不仅仅是为自己活着，更是为这个社会而存在。他们用自己的所作所为告诉普通人：人不能没有责任心，不能缺乏感恩的心。拥有责任心，会使我们扮演好每一个角色；拥有感恩的心，则会使我们生活得更幸福。这也是耶鲁大学的主张。耶鲁大学的成就来自于社会各界和全体师生的努力，所以，耶鲁和全体师生也要感恩社会。无论是身在耶鲁还是已走出耶鲁，耶鲁学子始终不忘感恩。而在实际工作中，我们要如何去感恩呢？就是首先要有一种奉献精神，要有责任心，永远不要忘记自己的责任，这样的人才是懂得感恩的人，而这样的人才能有一个有价值、有意义的人生，也才能生活得越来越幸福。

人可以缺乏能力，但不能没有责任

人的一生中会扮演很多不同的角色，不同的角色有不同的责任。当我们是一名学生时，我们的责任是好好学习；当我们是儿女时，我们的责任是孝敬父母；当我们成为父母时，我们的责任是赡养和教育子女；作为员工，我们的责任就是努力工作；而作为公民，我们的责任是回报社会；当然也别忘了，作为一个人，我们也要对自己负责。

我们的一生有多少角色，就要担负多少责任。虽说我们的角色在不断变化，责任的内容也在变，但承担责任的意识不能改变。无论我们扮演什么角色，责任心始终是不可缺少的东西，始终要有一种责任意识，这种意识提醒我们每个角色都要能胜任。

尤其是在工作中，责任意识更重要。有这么一句耳熟能详的话："责任比能力更重要！"的确，能力可以在工作中慢慢提升，但没有责任意识，只会使事情变得一团糟，纵然你有很强的工作能力也于事无补。

每个人的能力都不一样，但责任意识却是人人都可以拥有的。拥有责任意识的人可以精力旺盛地投入工作，即便没有较强的工作能力，但因为专心投入，也可以做出一定的成绩。因此可以这么说，有了责任意识，人生的履历可以被改写！可见责任意识的重要性。责任意识对每一个人来说都很重要，但并不是每个人都具备责任意识,都愿意负责任。有的人因为怕付出、怕辛苦,而不愿意承担责任。

作为一所知名大学,耶鲁始终把"教育学生富有责任感"为己任,这也是耶鲁大学责任心的一种体现。

耶鲁前校长理查德·莱温教育学生要富有责任意识:"你们应该用自己在学术、艺术等专业上的成就为社会做出贡献,为人类生存条件的改善而工作,这是对社会的一种责任。责任意识是最伟大、最难做到的。因为人通常只会想到对自己的工作、自己的家庭负责任,很少有人会把对社会的责任当作自己的职责。所以,希望耶鲁的学子们都能够具有社会责任意识。心系社会,胸怀责任。"

耶鲁不但教育学生要有责任意识,还鼓励全体教职工要有改造世界的能力并勇敢地担负起这一责任,要相信自己是可以办到的。责任意识也是判断一个人是否优秀和卓越的标准。

信息社会中,胸怀责任的人通常也是具有感恩心的人。因为一个人所得到的一切都是来自于他人和社会,虽然也有自己努力的成分,但离不开他人对我们的付出。因此,一个具有基本人类情感的人都知道要去回报他人、回馈社会,这就是一种感恩。这种感恩会使你赢得外界的尊重,得到一种无法用物质获取的快乐和幸福。我们中国人常说不能"忘本",中国人也有这样的古话"滴水之恩必当涌泉相报",就是提醒我们永远要有一颗感恩心。而耶鲁大学的师生在学校的教育下,无论何时都具备这样的感恩心。

耶鲁的毕业生在离校多年后,有许多人在各自的工作领域取得了不俗的成绩。这时,他们没有忘记母校对他们的栽培之恩。在感恩心的推动力下,他们觉得回报母校是他们义不容辞的责任。

他们不仅给学校捐赠了大量的物资和现金，还关心学校发展，积极为学校发展出谋划策，为学校建设贡献才智。

哈德利校长曾说："耶鲁大学不仅仅是在校师生的大学，也是所有已经离开学校的耶鲁校友们的大学，校友会就是一个'扩大了的耶鲁大学'。校友们离开学校多年还能够心系学校，我为他们感恩的心和责任意识感到欣慰。"

格里斯沃尔德校长也这么说过："耶鲁属于它的师生，属于所有在耶鲁执教的学者，属于所有在耶鲁求学的学生，也属于曾经的耶鲁人，耶鲁是他们理想和成就的一部分。他们在校时，耶鲁让他们受到了最好的教育，给了他们最好的待遇，而耶鲁对学生教育的投入和重视，也使学校得到了丰厚的回报。耶鲁学子们对母校极尽热爱之情和报恩之心，这是责任心的互相作用。责任心和感恩心使双方都得到了彼此的互相尊重。"

耶鲁大学的教诲使我们明白：责任心和感恩心在使我们付出的同时，也让我们得到很多，具有责任心和感恩心的人会生活得更幸福。

但是，在这个物欲横流的社会，一些人却丢掉了责任心。他们对工作不负责任，消极怠工，"当一天和尚撞一天钟"；他们对家人也不负责任，不愿意为家人努力奋斗，反而喝酒赌博、到处滋事；还有些人他们只对自己负责任，对社会却一点责任心也没有，他们制造假奶粉、假药、假酒，为了自己的利益去做危害社会的事。这样的人还谈何责任心！他们对社会没有责任心，社会也会惩罚他们的。

因此，人生活在这个世界上，不能缺少责任心。责任心会使你成为一个大写的"人"，会让你赢得他人的尊重，会令你活得有价值和意义。人在这个世界上不是光为自己活着的，也是为他人、为社会活着的。一个具有责任心和感恩心的人，无疑会拥有一个更高质量的人生。

感恩，为彼此的生命架起一座桥梁

一个人身上可以有许多闪光点，而最让我们感到亮眼的，不是他的成功，也不是他的优秀，而是他感恩的心。的确，感恩是一种美德，最能打动人心。这一点，奥巴马总统也非常认同。他曾经说过："我们要感谢那些曾经帮助过我们的人。"是的，因为人具有情感，而回馈帮助过自己的人是人的基本情感，而且也是一种美德。因为感恩的话语，会让别人感到甜蜜，感恩的行为，会让别人感到欣慰，对方会觉得你是一个知恩图报的人。

一个具备基本修养和道德的人都具有感恩心，因为感恩是爱的根源，也是快乐的源泉。感恩心甚至是一种博大的情怀，是一种崇高的使命，只有对他人、对社会怀有深沉的爱和责任感的人才会具有感恩心。如果我们对生命中所拥有的一切都能心存感激，便能体会到人生的快乐、人间的温暖，包括对伤害过我们的人，我们都可以"一笑泯恩仇"。所以，无论是功成名就时，还是默默无闻时，无论是身处人生的顺境还是逆境，我们都应该怀着一颗感恩的心去对待他人和社会。

耶鲁的许多师生对母校都怀着一颗感恩的心。他们不仅倍加关注母校的发展，而且还用实际行动回馈母校对他们的教育。他们积极参与学校管理，给学校无私的支持，为学校捐赠了大量办学资金。在耶鲁大学的捐赠名单中，耶鲁校友们的捐赠率占一半，而耶鲁本科生院毕业生又占了其中的大部分。1993年–2002年，本科生院毕业生的捐赠率每年都高于其他学院的毕业生。由于耶鲁大学长期以来都非常重视本科生教育，所以，本科生对母校有更加强烈的感恩心。

有一位来自中国的耶鲁毕业生对母校尤其感恩。

这位耶鲁毕业生名叫张磊，是耶鲁2002届的毕业生。他向耶鲁大学捐赠了一批款项，其数额之大，让所有人都为之震惊，共计888.8888万美元。当耶鲁大学校长理查德德·莱文向外界宣布这一消息时，所有人心里都在问："他为什么要向耶鲁大学捐赠这么大一笔款项？"

而张磊是这样回答的："我不仅在这里受到了最好的教育，而且耶鲁帮助中国已经长达100多年了，很多中国领导人都曾在耶鲁受过教育。所以，对耶鲁我一直非常感恩，一直希望有机会报答母校，这种感恩心不仅代表我自己，也代表所有曾受过耶鲁恩惠的中国人。"

那么，耶鲁究竟给予了张磊什么样的恩惠，才让他对母校这么感恩呢？耶鲁不仅教会了张磊很多专业知识，包括金融和企业家精神，还在张磊事业跌落低谷的时候，对他伸出了援手。

张磊在耶鲁上学的时候，曾因为想创业离开过学校一年。他回国创办了一家网络公司，可惜公司惨遭失败，不得已他又回到了学校。在学校的帮助下，他先后在耶鲁投资办公室和华盛顿新兴市场管理机构工作。2005年，他又回到了中国，开始创办自己的投资公司。创办公司的资金则是社会各界给耶鲁的捐赠基金。靠着这笔资金，张磊的公司运作了起来，并最终获得了成功。

张磊说："如果没有母校给予我的这笔资金，就没有我今天事业的成就。如今事业做大做强了，当然要回馈与报答耶鲁。我捐赠母校，让其他人也像我一样在困难时可以享用到耶鲁的捐赠资金。"

张磊开办公司的资金来自于他人的捐赠,是他人感恩耶鲁的结果,张磊享受到了别人感恩的心,所以,他又把同样的感恩给了母校。这是一个多么美好的循环,每个人都生活在感恩心里。

　　是的,一个得到过别人帮助的人自然而然地会想要回馈对方,这几乎是一种本能。所以我们说感恩是人的一种基本情感,一种本能反应。耶鲁大学的学子们感恩母校的方式并不重要,捐款的数目也不重要,重要的是感恩的心意。耶鲁大学不仅仅是一所知识的殿堂,同时也是一个美德教育的殿堂,它教会耶鲁学子们要抱着感恩的心态去工作和生活,同时它也得到了学子们感恩心的回馈。

　　耶鲁的学子们如此懂得感恩,还有一方面的原因,就是耶鲁在这方面也为学子们树立了典范。

　　一所大学都具有这么强烈的感恩意识,何况是它的学生呢?法国著名思想家、哲学家、教育家卢梭说:"把感恩当作一种生活方式,没有感恩就没有真正的美德。"这也说明,具有高尚情操的人都具有感恩精神,感恩是人的美德和基本情感。

　　感恩当然不仅仅是那些成功人士要做的事,也是我们这些平凡的普通人要做的事。他人帮助了我们,哪怕是很小的帮助,哪怕是言语相助,我们都要懂得感恩。感谢父母、感谢爱人、感谢老师、感谢朋友、感谢自然、感谢这个世界。感恩也不需要你做出惊天动地的回报,有时只需要你的一句问候、一声道谢足矣。

　　懂得感恩,就等于为生命架起了一座坚实的桥梁,所有人都会通过这座桥,紧紧簇拥在你的身边。所以,感恩是人生的必修课,希望我们每个人都能修好这门课,都能拥有感恩的美德和情感。

感恩世界，追求更高意境的人生

人生有多重境界，有的人只是为一己私利活着，他的心中只有自己，通过种种手段为自己谋取利益，哪怕会伤害到别人也无所谓。这种人的生活境界最低，能不能称得上是"人"都要打个问号，这种人是不会具有感恩心的。

还有一些人，他们知道人活着不能伤害别人，也知道为自己谋取利益，但他们心里不光有自己，还有家人、朋友，他们会为家人和朋友做一些事情，而且在受到家人和朋友的帮助后，他们会想办法去报答他们。这种人通常都拥有感恩的心。但他们感恩的心仅仅局限在小范围内，他们很少想过要去感恩社会、感恩世界、感恩陌生人。这类人一方面是受自身能力限制，一方面是受自己的意识所限，使得他们追求感恩的境界比较有限。

但还有一些人，他们的眼光总是很开阔、很博大，他们的眼里不仅有自己、有家人、朋友，还有一些和自己无关的人，有整个社会和世界。他们会尽自己所能去帮助陌生人，去为这个社会、这个世界做一些力所能及的事情。他们把感恩植入他们的人生追求之中，这样的人生他们觉得更有意义，境界也更高。

所以，同样是感恩，却是不同的意境。而我们来世上一遭，应该追求一种更高境界的人生。也就是说，人不能光为自己活着，感恩他人和社会也很重要。

有这样一个名字我们都听说过，这就是南丁格尔。提起这个名字，人们充满了敬佩之情。这个英国的女护士是如何获得人们尊敬的呢？

南丁格尔出生于宫廷贵族家庭，拥有地位、金钱、权势，且伶俐漂亮。她的妈妈想："这样漂亮的女儿，将来一定要嫁入豪门，成为一名贵妇人。"于是，她从小就训练南丁格尔礼仪、打扮、跳舞，但南丁格尔对这些一点都不感兴趣，甚至很排斥。她衣着朴素、性情温柔，从不以贵族小姐自居，这与她妈妈对她的要求大相径庭。

南丁格尔一点都不想成为一名贵妇人，她想当一名护士，因为这样可以照顾许多需要照顾的人，于是她不顾家人的反对，来到医院当了一名护士。

这让她的妈妈气坏了："护士是最下贱的工作，你竟然要当一名护士！"

南丁格尔为什么一心想当护士呢？因为她觉得她一生下来什么都有——优越的家境、美丽的容貌、健康的身体，而社会上的许多人却没有这些，他们遭受着病痛的折磨，这对他们来说是不公平的。她必须想办法减轻别人的痛苦，使他们恢复健康，这是她这一生都想做的事。于是，她抛弃了富有的生活，忍受着人们的歧视，到医院当了一名护士。

在克里米亚战争时期，南丁格尔组织了一个护士志愿队，赶到前线去救护伤病员。她想尽一切办法改善医院环境，为伤病员清洗伤口、调整饮食。她把伤病员的生命看得比自己的生命还可贵，这种高度的责任心和人道主义精神受到了很多人的称赞，被她照顾好的病人不计其数。鉴于她对国家、对社会作出的杰出贡献，英国政府授予她最高荣誉奖。这个消息传到她的家乡，她的父母也为此感到震惊，他们没想到她竟可以获得这样的殊荣。

南丁格尔不仅照顾好了许多病人，在护理学方面也取得了很大的成就。1907年，国际红十字会决定设立南丁格尔奖章，作为国际护士的最高荣誉奖。南丁格尔这个名字就这样刻在了全世界人民的心中。

南丁格尔出生于贵族家庭，可以享受贵族式的生活，但她没有选择这样的人生。为什么？因为她觉得贵族式的生活，除了能让自己过得比较富裕、比较舒适以外，没有任何意义。而她想追求一种更高意境的人生：那就是为国家、为社会、为人民服务，为全人类造福。这是一种怎样的境界？为什么南丁格尔可以有这样高的境界？因为她怀有一颗感恩的心，她觉得自己优越的生活条件是命运赐予她的，所以她也要感激命运，她把服务社会当作感恩命运的一种方式。

能够因自己拥有良好的境遇而感恩社会的人，很容易做到感恩他人，难的是那些受到他人伤害的人，还依然可以感恩他人。

曼德拉是南非的一位民族斗士，他反对白人的种族隔离政策，因此被白人统治者关进监狱长达27年。在监狱里，曼德拉受到了非人的折磨，他被关在"铁皮房"里，每天早晨排队到采石场，然后被解开脚镣，到一个很大的石灰石田地，用尖镐和铁锹挖掘石灰石，有时还要从冰冷的海水里捞取海带。但这样非人的待遇并没有击垮曼德拉的意志，而他又是如何对待伤害他的这些人的呢？

多年后，出狱的曼德拉成为了南非总统。在总统就职仪式上，曼德拉除了邀请世界各国的政要，还邀请了当初看守他的3名前狱方人员。曼德拉把他们介绍给大家，这一行为让囚禁了他27年的白人汗颜，他们对曼德拉博大的胸襟和宽宏的精神肃然起敬。

曼德拉向大家解释了他为什么要这样做。他说非常感谢他的那段牢狱岁月。这段岁月磨练了他的意志，锻炼了他的心性，激励了他的斗志，使他学会了如何处理自己遭遇的痛苦。他感谢这一切，包括使他遭遇痛苦的这些人。

曼德拉的话让所有的人都陷入了沉思。这是一种怎样的感恩！宽容是最大的感恩，世界上有几个人能做到这样的感恩？所以曼德拉才能成为令南非人引以为傲的民族领袖。

曼德拉的感恩绝非普通意义上的感恩，他不是回报曾经帮助过自己的人，而是回报曾经用痛苦折磨过自己的人，这是感恩的最高境界——宽容。

这样的宽容确实是很难做到的。我们生活中的很多人总是斤斤计较、睚眦必报，别说宽容和感恩了，不报复他人就不错了。而一个人有了感恩的意识之后，就会直接影响他对事情的主观感受和认知：同样是一件事，别人觉得不值得感恩，他却去感恩；别人做不到感恩，他却能做到。可见，博大的胸怀是感恩的前提。

而世界知名大学耶鲁大学，也是具备这种博大胸怀的。在自身发展的过程中，耶鲁遭遇同行或外界的排挤和打击，而耶鲁从来就没想过去诽谤和报复他们，而是把更多的时间和精力用在感恩社会、报效国家上。因此，耶鲁大学的所作所为自然得到了很多人的尊重和赞同。

所以，让我们用感恩的心来面对生活吧！用自己的力量来温暖这个社会，驱走寒冷和黑暗，这才是最高境界的感恩。这种感恩使自己和得到帮助的人感到幸福，这种境界会使自己更深刻地感受到生命的价值和意义。

奉献精神，决定一个人的真正价值

一个人的价值应该用什么衡量？怎么样才能证明自己的价值有多大？是看一个人赚取的金钱、拥有的物质的多少吗？还是看一个人得到东西的多少？当然不是这样的。一个人不断地索取，只能说明他拥有的太少，所以才会想拼命索取，这样的人价值最小。

而一个真正拥有自我价值或价值大的人，是不会拼命向外界索取的，他们反而是向外界付出的，因为一个人要想付出首先是自己有东西，而让更多的人，特别是需要的人，享用到自己所拥有的东西，这样才能使自己的价值得到真正的体现。

因此，衡量自我价值，不是看得到了什么、得到了多少，而是付出了什么、付出了多少，也就是你能为他人奉献什么。可见，奉献才是自我价值体现的标准。

耶鲁是很乐于奉献的，不管是耶鲁大学本身还是耶鲁学子们，都在不遗余力地奉献着——耶鲁大学减免贫困学生的学费，给他们发放奖学金，是耶鲁对学生的一种奉献；耶鲁对社会捐款捐物，是对社会的一种奉献；耶鲁的学生们回馈母校、帮助社会的弱势群体，是耶鲁学子对母校和社会的一种奉献。

其实，责任心和感恩心就是一种奉献，为家人奉献爱心、为公司奉献能力、为社会奉献自己所能奉献的一切。能够奉献的人首先是一个富有的人，其次是一个无私的人，因为很多人只想占有，却不愿奉献。

所以，奉献不是一个容易达到的境界。经典心理读物《超越自卑》中有这样的论述："人生的目的是服务别人，这样的人生才是充满价值的。而只为自己活着，只会得到他人的鄙夷。"

所以，人不能缺少奉献精神。可是有些人会觉得"我什么都没有，能奉献什么？"奉献不仅仅是奉献物质财富，也可以奉献精神财富，比如时间、精力、爱心。奉献才有资格索取，奉献才能得到他人的感恩和回馈。

有些人进入一家公司时，首先会问："我能从这个公司得到什么？"却从不问问自己："我能为公司做些什么？"只想索取，不想奉献的人，不可能从公司得到什么。只有具备一定奉献精神的人，才能得到他人的敬佩与感恩，对方也才会愿意为你奉献。

有一支部队里的一个小分队，每次打仗都英勇无比、冲锋陷阵、所向披靡。而且，作为一个团队他们相互配合，力求取得整个战争的胜利，很少有人搞个人英雄主义，大家每一次行动都只考虑整个团队的胜利。

其他小分队对这支队伍的表现很是欣赏，他们夸赞道："你们队伍的每一个士兵都愿意为整支队伍奉献，从不邀功，从来不诉说自己的牺牲和辛苦，非常有奉献精神。"

队长说："你知道他们是怎样具有奉献精神的吗？我训练他们打篮球，让他们的每一次传球、接球、投球都要为进球服务，为最终的胜利着想。而胜利后，也没有谁认为是个人的行为，而是团队努力的结果。每一个人都在为团队做奉献，没有奉献精神的人不适合待在这个队伍里。"

通过这样的训练，他们在战场上也能为整场战争的胜利服务，而不是都想着做个人英雄。

任何时候都不能缺少奉献精神，为他人奉献、为团队奉献，没有奉献就没有收获，没有奉献就不配得到。拥有奉献精神的人想得更多的是他人、是大家、是社会。他们把奉献当成一种责任和感恩，责任感和感恩心使他们拥有了崇高的奉献精神。

不过，有些人会觉得，奉献是那些"伟大"的人才能做到的事情，"我"一个凡夫俗子没什么可奉献的，也做不到奉献。这样想就错了，伟人有伟人的奉献，凡人有凡人的奉献，奉献的内容虽然不同，但奉献的精神都值得赞赏。

还有些人会把奉献当成吃亏，这样的人，根本没有理解奉献的真正涵义——所谓奉献，并不是剥夺你得到的权利，而是先奉献后得到，而且愿意先奉献的人往往得到更多。比如，一个人在工作时全力以赴，不计较眼前的利益，不偷懒混日子，在未来公司一定会回馈他更多东西。因为在领导眼中，那些不计较个人得失、愿意为公司奉献的人，值得公司以高薪留住他。奉献，其实是一种"今天播种，明天收获"的过程，虽然需要付出很多汗水，但最后获得丰收的还是自己。

任何时候都不能缺少奉献精神，就是说奉献不是心血来潮的事情，奉献要坚持，要长期奉献。要如耶鲁大学一样，十年如一日地坚持奉献，把奉献当成一种精神，刻到自己骨子里去；把奉献当成一种习惯，带到自己的生活中来。

因此，无论何时何地，学着奉献吧！哪怕此时你还看不到回报，但奉献本身就是对自己灵魂的滋养，而这本身就是一种收获。而你对社会的奉献不仅滋养了自己，也滋养了他人，更赢得了别人的尊重，这对自己的心灵难道不是一种莫大的收获吗？

因此，不要吝啬你的奉献，不要让自己失去了奉献精神，让奉献成为你灵魂的一部分，那么你也能得到他人的奉献，而所有人的奉献则会使这个世界越来越美好。

责任意识，时刻铭记在心

　　责任和我们的一生息息相关，除了孩童时期不用负什么责任，而其他的任何时期都要负责任。哪怕是一个小学生也得有责任心，要对自己的功课负责，对老师和父母的谆谆教诲负责。走向社会以后，我们的责任就更多了：对工作负责、对家人负责；哪怕是走在路上，对陌生人我们也要负责——不随便吐痰、不随便违反交通，这就是对陌生人的负责。因此，何时何地，我们都要有责任心。在我们心中，永远都不能忘记自己的责任。

　　如果你能在人生的每一个阶段都有足够的责任心，那么你的人生会顺畅许多。因为责任心会促使你把每一件事情都做好，只有每一件事情都做好了，你的人生才会圆满。

　　责任是对自己所负使命的忠诚和信守。人可以平凡、可以清贫、甚至可以卑微，但不能没有责任。对一切都不负责任的人，也就失去了活着的价值。所以，责任心可以成就一个人，也是衡量一个人是否优秀的标准。

　　有这样一个人，他在自己穷途末路的时候也没忘记自己的责任心。

　　一位美国人用自己的所有积蓄开办了一家小银行。他兢兢业业地经营着，但是很不幸，他遇到了抢劫。遭遇抢劫他损失惨重，储户的存款全都被洗劫一空，他破产了。他怀着沉重的心情决定从头再来，他四处寻找工作，决定赚钱偿还所有储户的存款。他的决定让所有人惊呆了！这可是笔天文数字，恐怕这辈子都还不完。

妻子也问他："你为什么要这样做呢？这件事责任不在你，你可以不负责任的。"

但他却说："是的，在法律上我没有责任，但在道义上，我有责任，我应该还钱。"

于是，他开始用余生所有的时间来还钱。终于，在第三十九个年头，他还完最后一笔债务。这时，他长叹了一声说："我终于完成了。"

这位美国人用自己一生的心血和汗水完成了他的责任，他的责任心何其重——不管到了什么境遇，他始终没有忘记自己有一颗责任心。

一个人的责任感不是别人赋予的，而是根植于自己心中的。这位美国人即便不还债，也没有人可以谴责他，但是他的责任心会谴责他，让他无论何时何地都不会忘记要偿还所有储户的存款。

是的，责任重于泰山。有时候就是这样，一个有责任心的人是不需要别人逼迫他去做什么事情的，他所做的一切都是责任心的驱使。责任心会让一个人的生命更厚重，更能赢得他人的尊重。

还有一类人，他们把自己的责任看得比生命还重要。

高速公路上停着两辆车和两个伤势很重的人，不用说，这里发生了车祸。一辆是闯红灯的货车，一辆则是吉普车。货车司机伤势不是太重，而吉普车里的人则被方向盘挤得动不了了，脸上血肉模糊，身上到处都是碎玻璃。

交警和医护人员赶到后，试图把这个吉普车司机从车里救出来。但惊人的一幕出现了：这位吉普车司机掏出了一把手枪，逼迫所有人不准靠近他，大家不明白是怎么回事。他说他是国家安全人员，车上有国家机密，除非是国家安全机构的人员，否则谁也不准接近他和他的车。

交警连忙通知了国家安全局。但吉普车司机这时伤势却非常严重，再不就医，就有生命危险，但是，他仍然拒绝让医生靠近。半个小时后，国家安全局的工作人员到达了，在看过他们的证件后，吉普车司机把一份卷宗递给了他们。

所有的人对这一幕肃然起敬。大家连忙把吉普车司机抬上救护车，送往医院。但因为他的伤势过重，又耽误了治疗，还没等到医院，他就停止了呼吸。

你会为这个故事动容甚至落泪吗？是的，这个吉普车司机的做法太令人感动了。在生死攸关的时刻，他首先想到的不是自己的生命，而是自己的责任。在他眼里，责任不仅重于泰山，甚至重于生命，即便面对死神的威胁，他也没有忘记自己的责任。

在某些人心里，责任就是他们的天职，他们时刻牢记着责任的使命。这样具有责任使命的人，怎能不赢得他人的尊重和敬佩呢？

耶鲁大学就是这样获得别人对它的尊重的。

耶鲁大学虽然是一所私立大学，但它从来没有完全属于私人所有，它的创始得益于殖民地和康涅狄格人民的资助。耶鲁创立之初，为了求得名正言顺的建校许可，求助于殖民地立法机关，并获得批准，创建人每年还得到了由立法机关提供的补助金，至此，耶鲁开始了与立法机关和政府的合作关系。18世纪时，康涅狄格的资助占了当时耶鲁资产的一多半。

在多方的帮助下，耶鲁渐渐发展成为一个全国性的高等教育机构。直到现在，耶鲁大学将近三分之一的资金来源都是由美国联邦政府以科研经费等形式提供的。耶鲁大学得到了外界这么多的支持和帮助，自然不会忘记自己的责任。

耶鲁大学用自己所能做到的一切来回报社会、服务国家，回馈帮助过它的那些人。耶鲁将自己培养的人才和科研成果都无私地服务于社会。耶鲁大学与国家形成了一种良性的互动关系。西摩校长这样总结耶鲁对社会的回馈，他说："耶鲁所能做的一切都无私地奉献给了国家，这是耶鲁不可推卸的责任。"

是的，这种责任是至高无上的，我们要学习耶鲁的这种精神，无论你是谁，无论何时何地，永远都不要忘记自己的责任。

功成名就的人更应该具有责任心

所有人都应该有责任心，这是毋庸置疑的。有些人虽有责任心，但因能力有限，往往心余而力不足，这样的人虽然心系社会，但无法为社会做出更大的奉献。例如想帮助一名失学儿童，但自己没有这样的能力；想办一个慈善基金，但自己的实力远远不够。所以，这样的人虽然有很大的责任使命，却因实力问题无法实现。

但有些人却能实现这样的使命。对于那些功成名就的人，他们拥有金钱、名气、地位、资源和渠道，他们有实力为这个社会做更多的事情。因此，功成名就的人更应该心系社会，拥有一颗为社会服务的责任心。这份责任心不仅源于他们的实力，更是基于他们的身份。因为功成名就之人通常都是某个领域的佼佼者，是人们心中的榜样，因此更应注重自己的社会形象，也理应比一般人更具有社会责任感。

耶鲁大学的毕业生里，不乏总统、科学家、亿万富翁……这些功成名就的社会精英数不胜数，这些人自然少不了要为社会多做奉献。大家觉得他们不仅很优秀，同时也很有社会责任感，而这样的人才，才能够堪当大任。

一个人在是否成功以及成就的高低，有着不同的评判标准。其中一个重要的评判标准就是，他能够为社会做出多少贡献，能够为百姓谋取什么福利，能够为他人创造多少幸福。能在这些方面做得很好的人,才是人们眼中更成功、更卓越的人。如果一个人不仅能让自己幸福、能让自己身边的人幸福,而且还能让这个社会上和与他无关的更多人幸福,这样的人不仅仅是功成名就,更是造福一方,而他也达到了人生境界至高点。

俞平伯是北京大学的高材生,毕业后留在北京大学任教。他曾在大学开设"词课",也曾出版《读词偶得》一书。这些奠定了他的学术地位,使他成为了中国近代史上一位杰出的学者。

1931年9月18日,中国爆发了"九一八"事变,这位学者坐不住了,责任感召唤他拿起了笔,先后奋笔抒写了《救国及其成为问题的条件》《致国民政府并二中全会快邮代电》《国难与娱乐》等文章,将自己的爱国之心述诸笔端,将满腔激愤投入到救国的热情中去。

从此,在责任感的驱使下,利用他名人的身份和地位,为国家、为社会做了一系列事情。1932年元旦,俞平伯在致《中学生》杂志的短简中,号召青年们要相信自己的力量可以救中国,引起了很大的反响。1938年,有人邀他到伪北京大学任教,他愤然拒绝。后来,他住在朝阳门内大街老君堂旧居,以变卖旧物为生,生活极其贫苦,但他宁肯过着清苦的生活,也不与日伪政权合作。他这样做,正是因为他对自己的国家怀有一颗责任心,不愿为了利益出卖自己的责任心。

1945年,中国抗日战争取得了胜利。俞平伯又来到了北京大学任教授。他知道,作为一个名人,始终不能忘记自己对社会和国家的责任。于是,他加入了知识分子进步团体"九三学社",后又加入了中国共产党的外围组织"中国民主革命同盟"。1947年5月,因为支持青年学生反饥饿、反内战的运动,他与北大31名教授联合发出《北京大学教授宣言》和《告学生与政府书》。这一系列事情他都是冒着生命危险在做,但是他知道,因为他是名人,有一定的号召力,他所做的这一切都会发挥作用。

北平解放后，全国人民迎来了中国共产党的生日。俞平伯心中的责任心驱使他又拿起了笔，连夜写了一首长诗讴歌中国共产党的胜利。

俞平伯的一生都在心系社会、心系祖国，对国家、对人民具有高度的责任感，这样一个功成名就的人用自己强烈的责任心赢得了全国人民的称赞。

一个人应该有责任心，一个功成名就的人更应该有责任心。因为你的功名离不开人民的支持，所以，一个功成名就的人更应该具有社会使命感。俞平伯先生就是这样的，在民族危亡之际，他不顾个人安危，而是把对国家的责任心放在首位，不和伪政权合作，通过种种方式报效祖国，展示了一个文人、一个名人所特有的责任心。

可是有些人在成名成家之后，更多考虑的是个人的享受，肆意挥霍自己赚来的钱财，利用自己的名气享受一些特权，却从来没想过把自己得到的用来回报社会。这样的人，在功名的浸淫下忘记了责任心。

有一些名人不但不回馈社会，还成了社会的负面教材，这样的人心里还有对社会的责任感吗？他们这样做，岂不是侮辱了自己的一世英名吗？人要留名，鸟要留声，留名就要留好的名声。拥有一颗对社会的责任心，怀着责任心去为社会做一些事情，就会像俞平伯先生一样，被后人所铭记。

所以，功成名就的人不能单单贪图享受，更不能白白享有盛名，而是更应该为社会做贡献、谋福利。因为这些人有这个能力，所以更应该比一般人更具有社会责任感。一个具有社会责任感的名人才更值得大家尊敬。就像李嘉诚、比尔·盖茨，他们在成功、成名之后，都做了很多慈善事业，世界上的很多人都得到了他们的帮助，这样功成名就之人才会让大家永远敬佩。

因此，如果你是一个功成名就之人，那么，尽你所能去回报社会、帮助他人吧！这样会使你活得更有价值，而你所得到的，不仅仅是功名，更是大家对你的敬佩和铭记。

修炼感恩之心，一生与幸福结缘

　　人活着会有各种烦恼、不满，甚至是怨恨，会遭遇各种不快、挫折和磨难，这一切都会让我们感觉到不幸福。那么，如何让人在遭遇挫折时，仍然能保持一份平和的心态呢？这就要拥有一颗感恩的心。有些人可能会觉得在顺境中感恩并不难，但在逆境中感恩可能就没那么容易做到了。的确，感恩帮助过我们的人谁都能做到，但感恩伤害过我们的人，恐怕很少有人会如此大度。

　　感恩的心也需要去修炼、去培养。就像曼德拉一样，他也不是在入狱的第一天就能对那些监禁他的人心怀感恩的，而是在狱中的经历，让他变得豁达和宽容，让他明白了懂得感恩的人才能更幸福。

　　耶鲁人在耶鲁"心系社会，胸怀责任"精神的感召下，有着浓浓的感恩心。他们不管经历了什么，都用感恩的心来面对，哪怕是将他人的谩骂，他们都当作一种对自己的提醒来感恩。感恩让耶鲁放下，让耶鲁不纠结于小恩小怨，自然也就让耶鲁变得越来越豁达。

　　是的，懂得感恩一切，不管你经历了什么，你的经历都有价值，不是让你得到就是让你成长，不是让你收获物质就是让你收获精神。感恩让你知足，让你放下，感恩让帮助过你的人更幸福，也让你自己更幸福。所以说，懂得感恩，你将与幸福结缘。

但是，很多人却做不到感恩，所以很多人生活得不幸福。他们总是记得那些不快乐的事情和对不起他们的人，终日活在怨恨中，失去了对生活的美好展望，失去了对幸福的感受与体验。

既然懂得感恩的人会感到幸福，不懂感恩的人则感受不到幸福，那么，为什么我们不用感恩的心来获取幸福的生活呢？

一位老人家种的几个萝卜被偷走了。老人气坏了，到邻居家抱怨："该死的小偷，我辛辛苦苦种的萝卜被他偷走了，太缺德了，抓住他一定要送公安局！"

邻居也是一位老人家，他笑呵呵地说："别生气了，不就是几个萝卜吗？"

"不生气？又不是你家的萝卜被偷了？你当然不生气。"老人还是气哄哄地说。

"谁说我家萝卜没被偷过？我家萝卜都被偷过两次了。"

"啊？"老人很吃惊，"怎么没听你说过呢？"

"说有什么用呢？除了让自己更生气以外，没有任何用处。你可以这样想：小偷偷我们的萝卜，说明他需要萝卜，也意味着我们帮了一个需要我们帮助的人吗？再说了，我们种菜就是给人吃的，不管最终是谁吃了，也达到了我们种菜的目的。我们有什么损失呢？何必为这件小事生气呢？"

老人家听了邻居的话呆住了，他没想到同样是被小偷偷了萝卜，邻居的想法竟然和自己完全不同，一件坏事在邻居看来也能变成一件好事，看来，自己应该多向邻居学习才对。

面对同样一件事，两位老人的感受却完全不同。其原因就在于其中一位老人拥有一颗感恩的心，他用感恩的心去感受这个世界发生的一切，因此他觉得萝卜被偷这件事未偿不是一件好事。这也说明了越懂感恩的人越幸福，拥有感恩心，会让我们对很多事情感到释然，然后获得宽慰，从而内心就会升腾起幸福感。

感恩一切，除了能让你体会到幸福，还会让你释放不好的情绪，体会到快乐的心情。不信就来看看下面这个故事。

有一个小和尚撑着一艘小船过江，由于风浪太大，船翻了。小和尚在江中沉浮了很久，终于爬上了岸。他上岸后的第一件事，不是埋怨这恶劣的天气，也不是抱怨太倒霉失去了所有随身携带的东西，甚至差点丢了性命，而是立刻跪在沙滩上遥拜起了师父和这场风浪。

路人不解，问道："为什么不谢菩萨而谢师父和风浪呢？"

小和尚说："我原来不喜欢游泳，每次师父让我学游泳，我都偷懒不学，是师父强把我拉入水中，教我学会的。如果不是师父，我今天就没命了！所以，我要感谢师父。也要感谢今天这场风浪，因为它让我知道了我的游泳水平还是可以的。"

小和尚掉到水里差点淹死，但是他没有责备天气，也没有怪运气不好，而是心存感激，不但感谢师父，还感谢差点要了他性命的风浪。拥有如此超然的感恩心，还有什么能让他不快乐的呢？

因此，学会感恩，能释放糟糕的情绪；学会感恩，会让你变得豁达；学会感恩，幸福就会常伴左右。有一句话是这么说的："所谓幸福，就是拥有一颗感恩的心，一个健康的身体，一份称心如意的工作，一个相知相伴的爱人，一群值得信赖的朋友。"可见，要想获得幸福，少不了一颗感恩的心。

因此，若想成为一个幸福的人，就常怀感恩之心吧！常怀感恩之心，世间所有的一切都是美好的，你会发现所有的事情都有它存在的价值，你也就很少为烦心事而纠结，那么，你离幸福也就越来越近了。

所以，拥有一颗感恩的心吧，无论生活怎么对你，心存感恩，就会与幸福相拥。

第九章

坚持传统，人要有所为有所不为

　　相比其他大学，耶鲁大学有一个明显的特色，那就是理性、稳健、坚守传统，不冒险、不激进，不随波逐流，不轻易改变自己的原则。虽然这种风格偶尔使耶鲁显得有些保守，但大多时候，还是使得耶鲁发展得非常稳健而迅速。因为耶鲁虽坚守传统，但并不守旧和落后；虽坚守传统，但没有轻易走向极端；虽坚守传统，但仍然能与时俱进；虽坚守传统，但该做的就做，不该做的坚决不做；而对自己一些好的传统，坚持的态度则非常明确。就是在这种极其稳健的作风下，耶鲁发展得非常稳妥，极少走错路、走弯路。这也给了我们一个启示：要创新，但不要太冒险；要创新，但不能丢掉自己的传统优势，即在稳健的脚步中去寻求创新，坚持传统但不忘与时俱进——两条腿走路，如此你会发展得更好更快！

理智对待，传统并不等同于守旧和落后

什么是传统？传统就是传承和统合前人的社会经验。中国人所说的传统更多的是民间的风俗，也就是前人的生活习俗和社会活动等经验。传统好还是不好？没有绝对的答案。那么在新时代下，我们该如何来理解传统和传承传统呢？

我们常说"要尊重传统，要有传承传统的责任"，因为传统是世代相传的社会经验，是代代相传并号召人们去尊重和传承的。但是时代在发展，传统也得跟得上时代的步伐，适应时代发展的需要。所以，我们必须摒弃那些因循守旧、封建落后的传统。

传统要一分为二的去看待。由于传统中既有精华也有糟粕，既有值得我们现代人去学习、去传承的东西，也有应鄙夷、应丢弃的东西。所以，要尊重和传承对社会进步有良好促进作用的优良传统。

但是，在许多人眼里，尤其是年轻人眼里，一提起传统，他们就嗤之以鼻，觉得传统就是守旧落后、固步自封、不与时俱进。总之，在他们眼里，传统完全是个贬义词。显然，他们对传统的理解存在片面性。

耶鲁的行事作风历来较为稳健，这就决定了耶鲁对传统是较为推崇的。那么，耶鲁是如何形成了传统的办学风格，又是如何坚守它的传统，并使"坚守传统"成为耶鲁的精神之一的呢？

1701年，以詹姆士·皮尔庞为首的一批公理会传教士经康州法院的同意，成立了一所教会学校，这就是耶鲁大学的前身。学校委托10位牧师管理这所大学，牧师们从他们藏书不多的图书馆里拿出了40本书，以此来作为建校的资本。1701年10月，牧师们推举哈佛大学毕业生亚伯拉罕·皮尔逊为第一任校长，至此，这所教会学校正式成立了。从此，教会学校的特征为耶鲁打下了"传统"的烙印。

而耶鲁大学在发展过程中，逐渐形成了自己的办学风格和特色，这些风格和特色被耶鲁大学一直沿袭下来。例如耶鲁规定一、二年级的学生必修10门特殊课程，同时每一位耶鲁毕业生都要学习这些课程：希腊语或拉丁语，法语或德语，英国、欧洲、美史和经济，哲学或心理学，化学或地质学，数学、物理学中的两门课程，强调基本的自由教育课程理念。这些课程都浸透着耶鲁传统的价值观。

耶鲁处事稳健，和其他大学相比，耶鲁极少冒险。哈佛自始至终是以敏锐的判断能力和常新的价值追求主动进行改革。但耶鲁则自始至终以沉静、稳操胜券的胸襟和自信，有条不紊地控制着改革的进程。对耶鲁大学流传下来的传统价值观，耶鲁从不轻易改变。

有些人抨击耶鲁守旧、落伍。耶鲁这样回答他们："坚守传统并不等于因循守旧，更不等同于落后，耶鲁之所以和其他大学有所区别，就在于这些传统。如果把传统都改掉，耶鲁和其他大学有何区别？而且耶鲁所坚守的传统都是对耶鲁、对耶鲁的师生有益的，不会阻碍发展。至少，耶鲁稳健的行事风格，使得耶鲁在发展过程中，成功地避免了外力的推动而进行的大规模改变给自身发展造成的伤害。这就是坚守传统给耶鲁带来的最大益处。"

可见，耶鲁对自己"坚守传统"的做法有着非常清晰的认识。耶鲁并不是在盲目地坚守传统，耶鲁很清楚地知道，什么是守旧，什么是传统。它能够很好地区分守旧和传统，并在此基础上坚守着传统。维护有益于自身发展的传统，不冒险、不激进，这就是耶鲁清醒的办学风格。同时，这也应该是我们对待传统的态度——既不盲目遵循，也不盲目改变和丢弃。

传统并不等同于守旧和落后，传统是历史的积淀。由于我们在继承传统的时候，很难百分之百原样继承，且在传承的过程中也会有所变化，所以即便是传统，它也是与时俱进的产物，也是受继承者当时环境因素影响的。因此，传统很多时候也是现代的不同变式。

所以，我们不必谈传统就色变，更不能把传统简单、武断地等同于守旧和落后。即便传统中存在一些糟粕，我们也会在不自觉中自动剔除，这就是对传统成熟、理智、清醒的认知和继承。现代社会发展日新月异，很多人对待传统不屑一顾，许多好的传统就这样被大家遗忘了、抛弃了，这对我们来说是一种巨大的损失。

因此，我们应该学习耶鲁"坚守传统，保持清醒"，对好的传统要坚守、继承和发扬，让优秀的传统在我们当代人身上能发挥出更大的作用，这也是那些创造"传统"的前人们的心愿。

坚定立场，好的传统必须坚持

中国几千年来留下了很多优秀的传统，特别是在文化、民俗、道德、礼仪等领域，更是数不胜数。但是近些年来，社会飞速发展，各种新鲜事物不断地涌进我们的视野。面对诸多新鲜事物我们都消化不过来，还有多少人会记得这些传统呢？

这对我们现代人来说，难道不是一种损失吗？社会的发展永远都在传统的基础有所创新，很少完全抛弃过去而独自去创新，断层式发展，社会很可能出现问题。所以，中国这些年来也在恢复一些优良传统，如一些传统的节气，像是端午节、重阳节等都被列入了法定节日；这也是在提醒人们不要忘记悠久传统；再比如一些电视台举办的某些"汉语、成语"节目，在网络语言充斥着我们的日常生活的今天，这些节目提醒着我们，不要忘记中国最传统的语言。再比如社会上兴起的汉语热、汉学热、汉服热、国学热、孔子热等，不都是在提醒着我们要坚守好的传统吗？尤其是现代物欲膨胀的社会，人的道德观经受着各类考验，中国一些传统的价值观、道德观，不都需要大力提倡和坚守吗？

因此，好的传统很有坚持发扬的必要。而坚守优良传统一直是耶鲁的特色。耶鲁大学建校 300 年间，一直坚持学术的正统性，重视传统学科的价值，并以文科科学的成就和影响闻名全美。耶鲁大学始终坚守一系列的好传统，如自由、民主、包容、开拓创新等，可以说，耶鲁今天的成就离不开发展过程中对传统优势的坚守和继承。

格里斯沃尔德校长在坚守耶鲁的传统方面，可谓是耶鲁人的典范。他一直认为耶鲁的优势不是图腾，也不是传奇，更不是强大的师资力量和先进的硬件设施，而是其强大的传统。耶鲁的优势传统有很多，主要体现在高等知识传统、学校传统及美国民主传统几个方面。格里斯沃尔德认为要保持耶鲁的领先地位，必须要长期坚持这些传统。

格里斯沃尔德校长任职时期，许多大学都在向囊括全部学科领域方面发展，而耶鲁还在继续发挥拓宽基础知识的作用。许多人认为耶鲁应该向其他大学学习，也全面发展，但格里斯沃尔德却拒绝这样做。他说拓宽基础知识、纵深发展是耶鲁的传统，多少年来的实践证明这个传统是正确的，耶鲁不应该盲目跟着别人走，不能轻易丢掉自己的传统。

除此之外，他还认为必须注重和加强文科教育，因为文科教育能为学生的一生打下良好的基础。文科教育也是耶鲁的传统，即便到了实用主义盛行的社会，仍然必须坚持这一传统。这些传统都是耶鲁得以存在并为之奋斗的东西，它给了耶鲁面对未来的勇气。所以不管未来多么艰难，耶鲁都会坚守这些传统。后来这些传统还成为耶鲁制定未来发展规划和管理学校的指导方针。

事实证明，耶鲁对传统的坚持都是正确的，它使我们看到了现在的这个独具特色的耶鲁。那些好的传统很多最终都形成了耶鲁精神，例如"永逐光明，追求真理""兼容并包，多元发展""脚踏实地，厚积薄发""信奉知识，注重人文"等，这些现在都已成为我们工作、学习、生活的指导方针。

但是，坚持传统的过程并非那么容易，也不是一帆风顺的。因为会有许多人质疑我们的传统，反对我们的传统，并不是所有人在坚守传统的过程中都能保持坚定的立场。首先有些人没有能力去判断传统的好坏，所以，一旦有人抨击自己，就立刻缴械投降了；也有些人知道自己所要坚持的传统是好的，但无法抵抗周围所有人的反对，只好少数服从多数，丢掉了好的传统。

传统被这样丢掉真的是很可惜。所以，好的传统必须坚持，不管外界怎么看我们、怎么评价我们，我们都要旗帜鲜明地坚持自己的传统，不为他人所动。

耶鲁在这个问题上的态度一直非常明确。耶鲁在办学过程中曾一度遭受到一些权贵的干扰和阻扰，但耶鲁不为所动，更不向其低头妥协，而是坚持自己的独立性和自主权，因为独立、自主也是耶鲁的一贯传统，丢掉了这个传统，耶鲁还是耶鲁吗？

所以，好的传统必须坚持，这是毋庸置疑的。不要因为时代的发展，就觉得传统都是过时的、落伍的，更不要因为他人的质疑就怀疑自己的传统是否值得坚持。只要你认为自己的传统是好的，对你的发展是有益的，就要坚定地坚持下去。

传统不见得就是指一个国家的传统，或是一所大学的传统，它也可以是一个公司的传统、一个家族的传统、一个家庭的传统、一个人身上的传统。只要是好的传统，不管是在任何方面、任何领域，我们都要坚持，因为坚持好传统会让我们变得越来越好。

坚持传统但不能故步自封

我们强调好的传统必须坚持，但凡事都要讲究度，过了度就会走向极端，一旦走入极端就会陷入另一番境地：守旧、落后、故步自封、因循守旧、呆板不知变通等，那么，这样子坚持传统非但不是好事，反而成了坏事。所以，坚持传统万万不可走向极端。

例如我们国家是礼仪之邦，但如果礼貌过多了，便让人觉得虚伪、不自然。例如一个公司的传统是勇于创新，但事事否定从前的做法，大刀阔斧地进行变革，却是一种冒险和激进。例如一个人做事历来老实本分、脚踏实地，但凡事都过于冷静，不敢突破，不敢去尝试新方法，是不是显得太呆板不懂得变通呢？因此，坚持好的传统要有个度，一旦过了度也就失去了坚持传统的价值和意义。

不过，这个度并不好把握。别说一个普通人，就是耶鲁这样的大学，在坚持传统方面也有过不能把握好分寸的时候，也曾一度失去过这个"度"。现在的耶鲁是一所兼容并包的大学，但兼容并包的精神并不是开始就有的。耶鲁曾一度坚持自我，反对外界的不同声音和不同做法，抵制某些自己无法认同的人和事，坚守自己传统的办学理念，以至于一度非常保守，被外界称为"极端的保守主义"。

在美国的大学中，哈佛大学和耶鲁大学是实力相当的一对竞争者。和耶鲁相比，哈佛更善于改革创新。因此，为适应国家工业化和现代化的需求，在本科生教育方面，哈佛校长埃利奥特旗帜鲜明地提出了全面推行选修制，学生可以根据自己的天赋和兴趣自由地选学课程。哈佛大学认为在文学和科学之间并不存在真正的对立，在数学与古典文学、科学与形而上学之间非此即彼的观点是狭隘的，一个大学就应该兼容并包、自由发展。

虽然在后来耶鲁认同了哈佛的这些主张，但在当时埃利奥特的主张遭到了耶鲁大学的强烈反对。耶鲁校内、校外的保守势力对埃利奥特的主张进行了猛烈的抨击。耶鲁大学联合普林斯顿大学及其他大学组成了一个强大的阵营，联合抵制选修制，试图以此来孤立哈佛大学。尤其是当时耶鲁大学的校长波特，更是用强烈的语言抨击选修制。他说："选修制就是要破坏班级和学院的生活，将成为班级和学院罪恶的源头。"

这些夸大其词的言论暴露出了耶鲁大学过于因循传统、不愿改革创新、接受新事物的极端保守的办学思想。虽然其他的耶鲁人并没有公开地表达反对选修制，但不少人持有相同的观点。

但事实证明，哈佛人试验成功了！1886年，美国高等教育界的权威人士盛赞哈佛大学对美国高等教育的贡献和影响。于是，进入19世纪90年代后，公众对选修制的态度发生了很大变化，渐渐接受了选修制度。到19世纪末，几乎所有的美国高校都不同程度地采用了选修制，包括耶鲁大学在内。但即使是这样，耶鲁仍在一些方面保持着自己的传统理念。

这种略显极端的保守办学使得耶鲁付出了自己的代价。当哈佛大学和美国其他大学大踏步前进的时候，耶鲁的发展却由于波特校长和董事会的保守态度停滞不前，耶鲁在改革的浪潮中掉队了。

耶鲁的传统和保守在其他方面也有所体现。耶鲁是由坚持正统的清教徒主张建立的，所以对于不信教者极为不满。耶鲁建校以来共有21位校长，前

12位校长都是牧师，直到1899年哈德利校长当选后，才有了第一位非牧师的校长。耶鲁前6位校长均毕业于哈佛，但自1766年起至今，除了伟大的安吉尔校长外，所有校长均毕业于耶鲁。虽然安吉尔校长为耶鲁的发展做出了巨大的贡献，但却始终被耶鲁视为外人。从这里也可以看到耶鲁人骨子里的保守倾向。

痴迷于传统的耶鲁因为过于坚持自己的传统办学理念，竟然一度走向了极端，致使耶鲁受到了不少的损失。这就说明任何一所大学的优秀都不是天生的，都要在长期发展的过程中不断自我努力、不断完善、不断自我否定、自我检讨和自我改变，才能有今天这么优秀的耶鲁大学。

这也给我们了一个启示：坚持好的传统是必要的，但不可走向极端，那样只会使自己陷入完全相反的境地。在一个合理的范围内、一个适合的环境中、一段合适的时间段内坚持自己的传统，才是最正确的，一旦脱离了这些条件，盲目地坚持传统，只会变得束手束脚，什么也不敢想，什么也不敢做，什么也接受不了，那么，这和守旧、落伍、固步自封又有什么区别呢？

耶鲁提倡稳健的工作作风，但曾一度让稳健束缚了自己的手脚，变得畏首畏尾、狭隘呆板，这在一定程度上阻碍了耶鲁大踏步前行。但耶鲁很快就意识到了自己的不妥之处，并及时改正自己的过于保守，积极接受新事物、新观念，哪怕是反对、质疑、嘲弄的声音，耶鲁都能以宽容的胸怀一并接受，由此也显示了耶鲁的非凡气度。

虽然现在耶鲁在兼容并包方面走在了美国高校的前列，但当初它确实曾一度迷失在极端保守主义里。好在现在的耶鲁不但早就甩掉了极端保守主义的帽子，反而成为了兼容并包、开拓创新的代言人！所以，我们也要学习耶鲁的精神，坚持传统但不走入极端，坚持传统但不陷入保守主义。

坚持传统与与时俱进并不矛盾

不仅坚守传统是耶鲁大学的精神，开拓创新也是耶鲁大学的精神。你或许会问：一方面要去坚持旧的东西，一方面又要去追求新的东西，这不是自相矛盾吗？非也！坚持传统与开拓创新并不矛盾。一所大学要全面发展，当然要两条腿走路——一方面要坚持自己好的东西，一方面又要突破和改变自身不足，学习新的东西。只有这样，才能以稳健又快速的步伐向前发展。

所以耶鲁大学在长达三百年的办学历程中，始终坚持传统与与时俱进相结合的办学理念。坚持自己的传统使耶鲁形成了稳健的发展模式；而与时俱进、开拓创新的作风则使耶鲁形成了自主探索、大胆追求的强势风范。这两种作风相得益彰、互相促进，使耶鲁在发展的道路上走得又快又稳。

确实，在急速发展的时代中，如果我们不坚持自己的传统，一味地寻求改变突破，就容易陷入冒险激进的漩涡中，那么就很容易摔跟头；同时，如果只坚持传统，不跟上时代发展，那么就容易失去发展的契机，或被他人抢占先机。因此，坚持传统和与时俱进要互相牵制、互相促进，才能使一所大学协调发展。

这不仅是一所大学的发展理念，也是一家企业、一个人的发展理念——坚持自身所固有的好的一面，同时也要大胆尝试接受新鲜事物，才能使自己越来越全面，实力也越来越强劲。

但是，有些人却无法将这两者很好地结合，他们不是过于保守就是过于激进，很难平衡这两者之间的关系，结果，不是让自己裹足不前，就是让自己跑得太快以至于摔跟头。

所以，不要因为坚持了一方就排斥另一方，也不要使任何一方面步入极端。只有协调、均衡发展，才能使一个人、一家企业、一所大学获得健康快速的发展。

中国的传统文化博大精深、包罗万象，历来是我们中国人引以为傲的精神食粮。在不同历史时期，许多传统文化被尊崇为阳春白雪和中国国粹。在当时的社会，它们充实了人们的心灵，引领了社会文明的发展，因此被保存下来并传承至今。

而当今时代，社会空前发展，科技大踏步前进，人们的思想也有了很大改变。人们往往浮躁不安，又充满了物欲。因此，那些曾经被视为瑰宝的传统文化渐渐被人们淡忘，这不能不说是一种巨大的遗憾和损失。

如何让这些传统文化在当今大放异彩？如何在新时代背景下继承优秀的传统文化？

传统文化中很大一部分内容是传统文学。而传统文学多是文言文、传统诗词或是格言警句。特别是一些诗词和格言，因语言精炼、概括性强被大家熟记，某些作品还具有显著的励志作用和倡导美德的价值，因此很受大家欢迎，许多父母从小就让自己的孩子熟读背诵这些代表作品，如《弟子规》《三字经》《千字文》《论语》等。但是，因为时代久远，这些作品的内容并不全是精华，尤其是一些官本位和钱本位的思想，会给一些小孩子带来错误的引导。另外，还有一些内容虽然没有致命的错误，但早已不太适合现代社会的发展情况。

因此，我们在学习这些传统文化时，不能不加分辨地全盘接受、全盘吸收，而是重新提炼、取其精华、去其糟粕，取缔错误的和不健康的内容，而对正确的内容我们也应该赋予在新时代下的新的理解、新的内涵。也就是说，要在坚持传统的同时保持与时俱进的态度，使传统不脱离时代的发展，让中国人在与时俱进的传统文化的熏陶下获得健康快速的发展。

坚持传统文化也要与时俱进，这才是正确面对传统的态度。因为传统再好毕竟是传统，难免有不适合、跟不上时代发展的地方。因此坚持传统绝不是让我们全部接受传统，更不是在何时何地都死守传统，而是要有选择、有变通地接受。

另外，我们说要坚持传统，而不是要固守传统。这里要区分坚持与固守的本质区别——坚持是一种执著，但固守就是一种偏执、是一种极端，而走向极端就会陷入另一番困境。

在这方面，耶鲁有着深刻的体会。耶鲁曾因固守传统而变得过于保守和固步自封，好在它最终发现那样的观念是错误的。所以，它及时调整了自己的态度，不仅要坚守传统，更要看清楚社会的变化，要适应社会的发展需求，因此要不断地创新。于是，耶鲁在发展的过程中逐渐形成了"坚持传统与与时俱进相结合"的办学理念。事实证明，这种办学理念让耶鲁受益匪浅，既保持了自己的风格和优势，又不至于脱离时代，失去发展的良机。

从耶鲁的发展来看，其稳健办学并不妨碍其对开放办学的追求。长期以来，耶鲁在继承中变革，在变革中继承，两方面相结合，使耶鲁形成了独有的特征——稳健、执著、务实、包容、开放、创新的办学风格。

所以，我们也要学习耶鲁的这种精神，本着"坚持传统与与时俱进相结合"的理念，在传统中创新，在创新中不忘传统，那么，你的发展之路必定稳妥又快速！

保持清醒的头脑，有所为有所不为

　　一个人在自身发展的过程中，会形成自己独特的优势。我们应该始终坚持这种独特的优势，不轻易改变，不管外界发生了什么变化，都应该保持自身优势，因为这会让你区别并领先于其他人。

　　当然，外界会出现许多潮流，也会出现许多新鲜的事物，这些潮流我们要不要去跟随，这些新鲜的事物我们要不要去尝试？尝试后会不会丢掉了我们传统的优势，而不去尝试我们会不会失去了发展的机会？这一系列的问题该如何选择？

　　看看耶鲁大学是怎么做的：

　　是该坚持传统还是该不断创新？哪些事情是自己该做的，哪些事情是自己不该做的？对于这些困惑，耶鲁大学也经历过一段长期的摸索，最终形成了自己的战略发展原则，那就是——有所为有所不为。

　　"有所为有所不为"，具体要怎么解释？就是清楚地知道哪些事情是自己该做的，哪些事情是自己不该做的。要把主要的精力放在那些该做的事情之上，而不在那些不该做的事情上浪费时间。那么，具体要怎么做呢？

　　耶鲁把"有所为有所不为"简化为两个关键词："择优"和"互联"。"择优"是说一流大学不可能在所有领域都取得优秀，只能在某些领域达到卓越；互联性的实质是避免单科独进，注意统筹协调。"择优"和"互联"结合起来理解就是优先发展传统优势项目，同时发展所有项目，彼此关联，互为支撑。这种发展原则体现在学术发展上就是坚持"有所为有所不为"，这就是耶鲁大学的战略发展原则。

耶鲁的传统优势是人文科学和艺术领域：英语系、法学系、比较文学系、历史系。耶鲁在这几个学科方面坚持有所为，主张强力发展。这几个学科在美国研究委员会的排名榜上名列第一，艺术、戏剧和音乐学院的实力也是遥遥领先，耶鲁法学院更是以强调法律研究要以哲学和社会科学为基础而著名，建筑学院也名列前茅。

除了重视人文和艺术领域的发展外，自然科学和医学方面，耶鲁也没有放松。这也是它在经过考虑和选择之后决定要慎重发展的两个学科。耶鲁在医学教育方面的发展过程非常曲折，开始也在犹豫是"为"还是"不为"，但在认准了发展医学教育的明朗前景后，耶鲁就开始对其不遗余力的投资，最终使医学教育成为了耶鲁的优势学科。

耶鲁校长雷文认为，耶鲁的特殊性不仅体现在它的体制上，也来自于它的两个特别学术优势，即人文科学和艺术，生物科学和医学。他认为，在这两个方面，必须大力发展，有所作为。

而哪些方面是耶鲁有所不为的呢？就是教育系和护理学院。格里斯沃尔德任校长时期，许多大学都在扩大规模，试图把大学综合化。但格里斯沃尔德反对这么做，他说："耶鲁不可能把所有的学科都办成美国乃至世界一流，那些不是我们优势的学科不如把它关掉，教育系和护理学院的学术地位远远没有达到耶鲁一流标准的要求，即便努力发展也很难赶上其他大学的水平，所以不如关掉。"在几位校长的主张下，耶鲁最终在1956年关闭了教育系。

耶鲁的学科发展过程真正旗帜鲜明地做到了"有所为有所不为"，在这个问题上没有一点含糊,该做的事情大刀阔斧地去做,不适合自己发展的坚决放弃,不盲目追随别人。耶鲁的头脑非常清醒,作风非常稳健,没有让耶鲁在这个问题上冒险、激进、摔跟头,而是一步一个脚印,踏实而又快速地向前发展。这也使得耶鲁形成了稳健胜于冒险的耶鲁精神,即坚持传统,保持清醒。

的确,不随波逐流,随时保持清醒头脑,有所为有所不为,是一所成熟、理智的大学应该具备的生存态度,当然,这也是一个人应该具备的生存态度。

我们在人生过程中,也应该坚持有所为有所不为——对于自己应该做的事情,要全力以赴,投入大量精力去做,这样才能取得成绩;而对于自己去做也不会取得成绩的事情,涉猎一下就可以,不要在上面浪费太多时间。尤其是一些事情还会充满了风险,一旦失败会使你损失惨重,这样的事情尽量不为。

有所为有所不为不但表现在一件事情值不值得做,还表现在这件事能不能做。比如一些事情如果触犯法律或道德,会给社会或他人带来危害,就坚决不能做。即便这件事情有巨大的利益在诱惑你,即便其他人已经做了,你也不能做。总之,要时刻保持清醒的头脑,有明辨是非的能力,该做的事情不要犹豫,不该做的事情坚决拒绝,这才会让你拥有一个稳健发展的人生。

所以,让我们像耶鲁一样,时刻保持清醒的头脑,本着"有所为有所不为"的精神,坚守自己的原则,不随波逐流、不人云亦云、不为诱惑所动,这才是一个优秀的人应该具备的素质。

第十章

追求知识与人文，大智慧才有大格局

无论是在目不识丁的村妇还是学识渊博的教授心目中，知识都是神圣的，因为对知识的渴求是人的本能。人生来就喜爱追求知识，渴望用知识来陶冶情操，提高修养，改变命运。尤其是迈入现代社会，知识的地位更高了。因为在知识经济中，拥有知识的人才拥有话语权，才能掌握自己的命运。而知识又是不断更新的，所以我们要不断学习新的知识，让自己永远不落后于时代。耶鲁作为信奉知识、追求知识的典范，不光教授学生们知识，更教给学生一种人文精神。因为追求知识的人更多关注的是道理、科学、技术，是一种理性思考；而人文关注的是善良、信仰、思想、观念、情感。在长达300年间，耶鲁一直注重培养学生的人文精神，坚持人文教育，摒弃一味实用的功利作风。"信奉知识，注重人文"是耶鲁长期不变的办学特色。

知识这座"金字塔",值得我们终生追求

说起追求,大家觉得它是人类所独有的东西。其实,世间万物都有其追求:蜜蜂追求花朵,苍蝇追求腐臭……没有追求,万物就会失去生命力。人类有很多追求,这些追求可以概括为两大类:物质和精神。而知识就属于精神的范畴。

就像蜜蜂追求花朵一样,这是它的本能,而追求知识也是人类的本性。为什么这么说呢?人生来就对世界有着浓厚的好奇心,哪怕是刚刚出生的婴儿,也急于想了解这个世界。人类在成长过程中,本能地想要探寻这个世界上的所有奥秘。这种对知识的渴求似乎是与生俱来的。所以,才会有那么多人趋之若鹜走进学府求知,才会有那么多如耶鲁般盛名的学府备受青睐。

人在追求知识的过程中会获得莫大的乐趣,并且通过获得的知识去改造世界,促进人类的进步。可以说,是知识在一步步改变着人类的命运。所以,人类对知识极尽迷恋,那种揭开世间万物奥秘的过程让人非常欣喜。耶鲁大学也是这样,他们把真知奉为神明,信奉知识改变命运,认为知识能给人类带来幸福。

人天生就有求知欲,那些求知欲特别强的人往往成为了科学家、文学家、思想家,而那些求知欲没那么强的人也能用他们有限的知识让自己的生活更

美好。

人类为何要求知？因为人们想要去探索人生的秘密，解开人生的谜团。人类为何要求知？因为没有知识，人就掉进了无边的黑暗中，无知令人恐惧。人类为何要求知？因为没有知识，人类就不知该怎样前进，就不知如何在社会上立足。

所以，人类必须求知。所以，我们要终生学习，并且需要一个好的教学机构让我们更好地进行学习。而耶鲁大学就给我们提供了这样一个优秀的学习环境。耶鲁信奉知识，因为它知道拥有知识才能形成智慧，拥有知识才能去影响和改变这个世界。

有这么一个人，即便生活非常困苦，没有条件去学习知识，却仍然想尽一切办法求知。

有一个小男孩出生在福建省的一个紧邻大海的小渔村。因为家庭贫困，小男孩不得不在很小的时候就随哥哥姐姐去海里捞鱼补贴家用。以至于9岁，他还没有上学。小朋友见到他都笑话他说："不上学，不读书，羞羞羞。"

看到小朋友们每天都能背着书包走进学校，他非常羡慕。于是他就央求爸爸妈妈让他去上学，爸爸妈妈终于为他凑齐了学费，让他走进了校园。虽然上学晚，但他天资聪颖又非常刻苦，所以学习成绩特别好。

生活的贫困让他不得不一边读书一边劳动。寒暑假时，他要下海摸鱼捉虾卖钱交学费，晚上则在煤油灯下苦读。就这样，小男孩高中毕业后准备参加高考。他和全乡一百多人坐着一辆大卡车，到很远的地方去参加高考。他到现在还依稀记得那个场景：卡车摇摇晃晃的，所有考生的父母都来送他们，村里人都说有知识的人有出息。他们把自己一生的希望全都寄托在这次考试上。

当高考成绩公布后，他简直要乐疯了，他考上了省内的一所大学！全乡有100多名学生参加高考，他是惟一考上大学的。他做梦也没想到自己竟能考上大学。

到了大学里他更加刻苦学习。当他来到图书馆里看到那么多的图书时，他惊呆了，感觉以前的自己是一只井底之蛙。他不禁感慨：这世界上原来还有这么多知识啊！

他以优异的大学成绩毕了业，但他仍然不满足。他知道这个世界上还有很多他不了解的知识，他很渴望到更高的学府去学习知识，于是，他又开始发奋努力，终于考上了世界一流的大学——耶鲁大学。

一个偏僻山村的小男孩受知识的感召，踏入了学府。知识就像一个金字塔，吸引他永无止境地攀登，或许这就是知识的魅力。

是的，知识如此广博，就像一片浩瀚的海洋，吸引人们不断去追求。人生的大脑仿佛是一个高密度容器，它需要不断地运动才能保持活力。当外界停止向其灌输知识的时候，原本活跃的脑细胞就会处于停滞状态，最后慢慢死掉，而储存的知识也将坐吃山空，因只消耗不补充而日渐枯竭，"江郎才尽"就是这么来的。因此，想要让自己永远保持活力，就要让自己的大脑永远吸收知识，让自己的思维永葆创造力。看来，追求知识不仅是人类的精神需求，还是人类的生理需求。

所以，当我们看到那么多学子从世界各地涌向耶鲁的时候，不必惊诧，这不仅是耶鲁的魅力，更是知识的魅力。因为对知识的渴求使这个学府充满了吸引力，而耶鲁"信奉知识，注重人文"的精神令这所大学备受学子们的青睐。每年都有无数学子从耶鲁走出去，用在这里学习到的知识去改变命运、影响世界；同时又有无数学子走进来，在这所百年学府里如饥似渴地汲取着知识的养分。

"知识改变命运!"这句话永远不会过时

"知识改变命运"这句话我们都听过。也许一些人觉得这句话已经过时了吧!这些人或许觉得在这个经济社会,应该是"物质改变命运""金钱决定命运",而知识已经无法改变命运了。假如你也是这么想的,那么你就错了。

诚然,在这个经济社会中,不是你多读了几本书,拿着一份高学历,就有人直接送上金饭碗,让你从此过上你想要的生活。但是,知识创造产品、知识获得机遇、知识产生智慧却是不容置疑的,而这一切都可以改变你的命运。

不管你是师出名门或是自学成才,都需要拥有知识,这是你在这个社会上生存的必备条件。没有对已知世界的了解,就不可能对未知进行研究和探索;大脑里没有知识的储备,又如何向外界输出呢?不掌握知识,又如何为自己的家庭、自己的公司和这个社会做出贡献?因此,在现代社会,知识始终与你的命运息息相关。

尤其是现代充满残酷竞争的社会,每一个人都渴望拥有满身武艺,谁也不想因为知识的贫乏而被社会所淘汰。所以,人类从孩童开始,就不停地学习知识,因为父母都知道知识能够改变命运。

知识少了不行,知识不够高精尖也不行,知识不与时俱进更不行。所以许多人不满足于已学到的知识，他们要到更高的学府、更优秀的学校去学习，而耶鲁就成了很多学子的最佳选择。在耶鲁这座学府里，有着最优秀的老师、最好的硬件设施和最先进的教育理念，所以学生们自然能学到更多知识。而走出耶鲁，靠着在耶鲁学到的知识，改变自己的命运似乎是水到渠成的事情。很多耶鲁毕业生不仅改变了自己的命运，还改变了国家和世界的命运。

看看这个人是如何用知识改变自己命运的。

朱张金，温州人，卡森国际控股有限公司董事长。别看他现在是全国商界大名鼎鼎的人物，可当年他可是个"半文盲"。这个半文盲因为缺乏知识，做生意时遇到了种种不便，受到了不少阻碍，闹出了不少笑话，也失去了很多生意。

年轻时的他，有一次去俄罗斯谈生意，当时他只会10个俄语单词——一、二、三、四、五、好、不好、多少钱、行、没问题。结果在那里无法和当地人交流，生意也没谈成几笔。

几年后，他到美国谈生意，再次因知识水平不高，吃了一次大亏。当时，他到美国参加一个皮革展，一个加拿大商人向他推销landcows（死牛皮），40美元/张。朱张金听了心中窃喜，他想这landcows怎么跟deadcows一样便宜呢？

朱张金认为deadcows是死牛皮，而landcows一定是好牛皮，实际上landcows才是死牛皮。他就想："这好牛皮怎么和死牛皮一样便宜呢？不行，我得去加拿大看看，可不能错过这笔生意。"

于是，他买了机票，兴冲冲从美国飞到加拿大看货，结果大失所望。原来，加拿大商人给他推销的就是死牛皮，死牛皮就叫landcows，而不叫deadcows。老外没有骗人，只是他英语水平不够，理解错了而已。现在，时间也耽误了，机票钱也浪费了。这让他再次慨叹道："唉！都是知识太少惹得祸。"

于是，朱张金觉得必须得学习了，没有知识，做生意处处受限。从这以后，他开始苦学英语，上学校、请老师，誓要摘掉半文盲的帽子。几年后，朱张金的英语水平迅速提升，只有初中文化的朱张金，能用一口流利的英语给老外介绍卡森的产品，后来订单越来越多，生意也越做越大，获得的利润也越来越丰厚。

看来，知识果然改变了朱张金的命运。

"知识改变命运"，这当然不仅仅是口号，而是无数人实践证明的道理。朱张金的经历再次证明了这个论断的正确性。没有知识，寸步难行；没有知识，就无法掌握命运。

当然，知识不仅指书本里的知识，还包括人生经验和处事智慧，这两样都需要建立在知识的基础上，否则，人生经验也可能会被你错误地诠释，而处事智慧更是知识和人生经验互相作用的结果。一个人若有了知识、人生经验和处世智慧，就一定能创造和解决许多事情，那么成功对他来说会变得十分轻松。

所以，耶鲁大学不仅教授学生们书本知识，而且也会为学生输送人生经验和处事智慧。所以，从耶鲁走出来的毕业生，都具备过硬的综合素质，在社会竞争中常常立于不败之地。

因此，我们的生存需要知识，我们的成功更需要知识。知识能改变我们的命运！这是毋庸置疑的。职场竞争归根结底是个人能力的竞争，而知识是决定个人能力的一部分。在现代社会，有知识和没知识的人待遇差别很大。有知识的人更容易在社会上找到一份称心的工作，有知识的人拥有更高的社会地位，掌握更多的话语权和社会资源，这就是知识的作用。

可见，知识不仅改变了你的命运，还决定了你的人生质量。因此，莫停下追求知识的脚步，这不仅是耶鲁的使命，更是我们每一个普通人的使命。

不断更新知识，才能永远不落后于时代

在日新月异的现代化社会，知识每分每秒都在更新，人们拥有的知识很快就会贬值。不及时更新知识，便无法跟上时代前行的脚步，便无法与他人同步，便会处处显得"out"，无法适应社会的发展。特别是在当今这个全新的互联信息时代，知识的更新速度越来越快。

因此，陈旧的知识会被时代淘汰、被竞争对手淘汰，那么你的命运也会岌岌可危。所以说，谁都不能停下不断追求新知识的脚步。

愿意去耶鲁大学求知的人，都深谙其中的道理。耶鲁的学子们一定是深深感到了这种危机，所以他们才在耶鲁疯狂地汲取新知识。他们愿意把几年的青春时光留给耶鲁，因为他们知道在这里他们不仅能学到很多知识，而且先进的、更新的、不落后于时代的知识。学到了这些知识，他们就不会那么容易被时代淘汰。

中文专业的王晓波，大学毕业后凭借自己还算不错的文笔，进入了一家广告公司的策划部成为了一名文案。入职5年来，他在岗位上兢兢业业、勤勤恳恳，从没有出现过工作上的失误，可是却一直只是一个普普通通的文案手，

每月拿着 3000 元的薪水，过着在小城市租房的日子。

虽说王晓波事业平平，但对生活没有太高要求的他，很满足于这份工作。可是，令他怎么也没能想到的是，前几日部门经理找他谈话，说公司最近经营得不太好，准备裁员，而他的名字就在裁员名单上。

这突如其来的消息，犹如晴天霹雳，一下子让王晓波傻了眼。他怎么也想不明白，为何他这位老员工会被公司炒了鱿鱼。

部门经理见他一头雾水的样子，于是，跟他解释说："晓波，怎么你到现在也没明白公司为何要裁掉你吗？"

"经理，是我做错了什么事情吗？"晓波一脸不解地问道。

"既然你琢磨不透，那我就告诉你吧。你知道的，现在新媒体发展得很火爆，我们公司过去传统的那种文案营销已经不适应新时代的发展了。早就跟你说要你平时多学习新知识，比如公众号、抖音、还有社群营销，可你就是不去充电，你看咱部门其他同事是怎么做的？人家现在都已经完全掌握了新的营销方式，你说公司不裁你裁谁呀！"

这时，王晓波才恍然大悟，为自己没能及时更新知识而后悔万分。

案例中的文案人王晓波，由于没能不断学习新的业务知识，面对行业的发展和激烈的人才竞争，最终落得个被淘汰的结局。可见，头脑中既没有最新的知识，又不去主动更新知识，这样的人很快就会被时代过滤。

如今，世界都已经在迎接"太空经济"时代的到来，许多昨日不可思议的科幻都变为现实。这一切都在提醒我们要不断更新知识，这才是我们立足于社会的底牌。所以职场中，我们只有不断地学习，不断更新头脑中的知识体系，才能永葆自身的价值，也才有可能在平凡的工作中脱颖而出。

因此，不要总是抱怨薪水太低、怀才不遇、领导与自己"过不去"，而要反省一下是不是自己知识陈旧、思维老化，是不是需要充电。所以，不要再给自己找借口了，不要觉得自己学的东西已经足够生存的了。时代不进则退，同样，你不学习新知识，也很快落后于时代。

因此，不断地去学习吧！只有不断地去更新知识，你才能永远走在时代发展的前列，才能永远在竞争中立于不败之地。

人文气息，使人更有魅力

人应该具有一定的人文气息。为什么这么说呢？首先应该了解一下什么是人文。

人文就是人类文化中先进和核心的部分，即先进的价值观及其规范。它的集中体现就是重视人、尊重人、关心人和爱护人。简而言之，人文，即重视人的文化。作为一个人来说，应该关怀人类、关怀生命、关注人本身。所以，我们理应要重视人、关爱人，理应要学习先进的价值观和规范。因此说，人应该具有人文气息。

在我们人类的精神世界中有三大支柱：科学、艺术、人文。科学追求的是真，给人以理性，让人理性睿智；艺术追求的是美，给人以感性，让人富有激情；人文追求的是善，给人以悟性，让人信仰虔诚。这三大支柱都是人的本能追求，每一个人的身体内都应该有这三样东西。

人文不仅会让人醒悟，还会使人更具魅力。因为科学强调客观规律，艺术注重主观情感，而人文则既有深刻的理性思考，又有深厚的情感魅力。可以说，人文让一个人更全面、更丰富、更立体，更富有吸引力。因此，一个人的精神世界里不能没有人文。在现代社会，人文是一种思想、一种观念，同时，也是一种制度、一种法律。

耶鲁是一所非常具有人文气息的大学，人文是它的特色和传统，也是它的优势之一，而重视人文教育更是它一直以来极力奉行的教育理念。

早在殖民地时期，耶鲁的课程体系就以古典人文学科为主。后来，耶鲁推行"通识教育"，使人文教育的烙印更加显著。

能坚持人文的特色三百年不变，表现出耶鲁的教育者认同受教育者应该具备一种人文修养，这也反映出了耶鲁的教育价值观：人文教育解放人的个性，培养人独立自主的精神，同时也增强人的集体主义精神，使人更乐意与他人合作，更易于与他人息息相通。所以，人文是耶鲁三百年来始终不肯放弃、不肯改变的传统和特色。

即便是任命一位大学校长，耶鲁对人文方面也有明确的规定。例如学校董事会成员维尔马希·刘易斯曾做出对耶鲁校长人选的限定条件：耶鲁校长如果是一位人文学者，他应该尊重自然科学；如果他是科学家，那他也要热爱人文科学。总之，耶鲁校长必须是一位具有人文气息的人。

由于对人文的极度重视和严格要求，耶鲁的优势学科专业都集中在人文学科：文学、语言、戏剧、音乐。即便耶鲁实行了通识教育和自由选课制，也和其他大学的有所区别。耶鲁规定学生可以自主选修，但必须在各大学科门类间保持平衡，不能丢掉耶鲁的传统学科：人文学科。尤其是在培养领导人才方面，耶鲁非常注重个人的品格培养和人文素养。通识教育在耶鲁大学也不仅仅是一种课程的安排，更是耶鲁大学文化独特性的体现。

耶鲁人认为人文科学教育的根本意义是自由——自由地探究、自由地表达，在探求真理的过程中自由地与其他思想和其他精神联系。耶鲁人始终坚守着这种人文教育。

耶鲁为什么会如此重视培养耶鲁人的人文气息？第19任校长吉尔马蒂回答了这个问题："具备人文气息的人心胸更加开阔，运用知识更加灵活，思考问题更加深刻，对新事物反应更敏锐，会使我们变得更加理智，对待他人更加仁慈。因此，我们希望耶鲁人身上都能够具备一种人文气息。"

耶鲁渴望耶鲁人身上具有一种人文气息，它看到了这样的人生活得会更加有价值，与这个社会会更加和谐。的确，人文气息浓厚的人更加关注人、更加在乎人、更加关心人，也更愿意在情感互动与内心交流中付出精力和时间。

不过，有的人并不是很了解什么是人文，他们简单地把人文理解为知识，其实这是两个概念。有知识的人如果只关注知识而不关注人，他也不具备人文修养。所以，我们有时会听说某个人有知识无文化，有艺术无文化。这里的文化指的就是文化中的先进部分、核心部分，也就是我们现在所说的人文。所以，有知识并不见得有人文，因为关注点不同。

文化是人类的共同符号、价值观及规范，尤其是其中先进的、科学的、优秀的、健康的部分。特别是先进的价值观和先进的规范，是我们人类共同的财产，我们不应该丢失这份财产，而是应该一代代传下去，让我们的子孙后代都具备一种人文修养和人文气息。

我们现在所说的人文更多存在于哲学和宗教中，普通人平时较少接触这些，所以，一些人文知识、人文思想、人文精神大量渗透和产生于文学、艺术作品及社会科学之中。因而有时人们也会把文学和艺术等同于人文，甚至把社会科学也看成是人文学科。

其实，作为一个普通人，不管人文渗透了什么领域，不管你是否足够了解人文真正的内涵，只要你具备了人文修养就是好的。如果能用人文修养去关注人类、关注社会，那么你就是一个具有人文气息的人。

科技时代，更需要人文精神

说到人文精神，很多现代人会觉得很陌生，他们只是知道什么是知识、什么是文化，但不知道什么是人文精神。其实，人文精神不是现代产物，它是一种朴素的习惯和意识。

但是由于现代社会越来越注重经济发展，越来越看重工具、技术，所以，人文精神被提及得越来越少，以至于许多人不太清楚人文精神的内涵，身上更是不具备人文精神。

而现代社会又是一个信息化、知识化、民主化、全球化的社会，人在社会中的地位也发生了根本的改变，不再是过去的工具人、经济人，而发展为现在的社会人和文化人，人的价值得到了充分的体现。也就是说，人越来越像"人"了。从这个层面上来说，人文精神应该是越来越浓才对。

但事实却不是这样，具备人文精神的人越来越少了。因为现代人重视科技、重视经济、重视物质财富，却很少有人关注人文。以至于有人只要提到现在的社会就会发出感叹："我们今天的社会太缺乏人文了！"的确，人类社会不仅需要知识、需要技术、需要艺术，也需要人文。

而在现代社会，即便是大学中也缺少人文教育，理工科的学生更不用说了，往往是有知识缺人文，文学和艺术领域的学生也往往有知识、艺术，但欠缺人文精神。所以现代社会充斥着功利思想、实用主义，缺少人文精神——人更加注重学习技术，却很少加强人文修养；人更关注自己的一己私利，却较少关注人与人之间的情感互动。所以说，整个社会都比较缺乏人文精神。

或许是担心看到这样的结果，耶鲁从建校之日起，就特别注重人文教育，加强学生的人文精神教育。耶鲁大学实行的通识教育其实也是一种人文教育，其目的是陶冶智力，扩大推理与同情和理解能力，超越偏见与迷信，培养批判和独立思考的能力。耶鲁希望耶鲁的学子们都能拥有广泛的好奇心，而不仅仅是掌握特定的知识。

耶鲁大学认为，他们的教育使命就是教育学生有大作为，通过丰富的思想训练与社会体验，发展他们的智慧、道德、公民责任和创造能力。教育目的就是用人类的丰富遗产陶冶学生。耶鲁希望学生们能拥有团队精神、社会责任意识，关注人类和社会，这也展现了耶鲁大学对于素质教育的全面性认识。

这种以人为本的办学理念，一直体现在耶鲁大学的办学过程中，即使学生从耶鲁毕业后，也一直奉行着人文精神。

吉尔曼是一位耶鲁大学的毕业生。他于1876年创建了约翰·霍普金斯大学，这是美国第一所高水平研究型大学。吉尔曼认为大学的钱要用于培养人而不是堆砌砖块和灰浆，因为他认为大学所需要的是世界上最优秀的学者而不是最宏伟的建筑物。

约翰·霍普金斯大学刚刚建立的时候，连足球场和篮球场都没有，但却把大量的资金用于购买研究设备和聘用一流的学者，这使这所大学在创办短短20多年后就在美国众多大学中展露了头角。

耶鲁处处都体现着人文精神。耶鲁让学生们觉得耶鲁就是一个温暖的大家庭。在耶鲁法学院，老师和学生都住在同一栋楼上，教授常常邀请学生去家里吃饭，学生和教授、学生和学生常常坐在一起交流。学生们之间更多的是超越自我，而不是恶性竞争。在耶鲁，贫困学生不需为经济问题发愁，因为学校不仅设有奖学金，还向贫困学生提供贷款，即便毕业后学生无法偿还贷款，耶鲁法学院也会代替其偿还。

在耶鲁，人文精神无处不在。因为耶鲁知道，人文精神无论是对一个人，还是对整个人类都很重要，人类和社会的发展不能缺少人文精神。耶鲁人文教育的目标之一就是培养学生的人文精神———一种追求人生真谛的理性态度，即关怀人生价值的实现、人的自由与平等以及人与社会、自然之间的和谐等。

不管是社会还是家庭，都应该像耶鲁大学那样，不断输送、加强和传播人文精神。这也是一个人生命的需求，更是一个社会健康、协调发展的要求。

坚持人文，摒弃一味实用的功利作风

现代社会中，实用主义、功利主义极为盛行。那么，实用主义、功利主义到底可不可以有？我们说，当然可以有。人要生存，当然要追求实用和利益；人重视名誉，当然要追求名誉；人都有价值感，当然都梦想成功。

所以，追求实用主义、功利主义本身并没有错，错的是"功利主义至上"思想的存在。因为如果做什么事情都追求实用主义，则会使人们跌入欲望的沟壑，忘记了人生的更高追求，也失去了宝贵的人文精神。

受社会过重功利主义思想的影响，一些大学也渐渐向实用主义、功利主义妥协。学生谋生有压力，大学为了满足学生就业的需求，将课程设置成了满足社会所需的"万金油"。甚至一些大学认为，一所满足社会要求的大学就是课程多、教师多、学生多、校舍多，于是不惜投入大量资金到这些领域中。

的确，在很多时候，外部环境往往会要求大学直接服务于社会发展。然而，大学办学、科学研究和人才培养又有其特殊的规律，如果按照社会的"即时、功利"的需要办学，必然会造成大学学术水平的下降。因此，能否处理好这两者之间的矛盾，实际上是对办学者智慧的考验。

一所好的大学，一定是能够平衡好这两者之间关系的。耶鲁大学在这方面既有着成功的经验，也有过失败的教训。经过长期的摸索和积累，耶鲁逐渐形成了"既坚持人文又兼顾实用"的风格。"

耶鲁校长理查德·莱文说："教育并不是必须集中于掌握实用性的技能。为学生提供一个宽广自由的教育环境，而非狭窄的职业性教育，这是耶鲁的追求。"

耶鲁法学院更是这样强调："我们追求的特色教育与其他大学的职业教育不同，法律不仅仅是用来赚钱的，更是为了创造美好的世界和生活，这是耶鲁的精神。"

耶鲁的学生们很好地传承了这一精神。在耶鲁，将近有60%的学生一毕业就投身于公益服务中去。虽然他们的年薪很少，但他们却有很高的幸福感和成就感。从这里我们就可以领悟到耶鲁法学院的人文精神。

耶鲁的通识教育是为学生的终身学习打下坚实基础，而不是为了获取特定的或有用的知识。这反映出耶鲁"不过分强调实用、突出人文精神"的办学传统。

但是，耶鲁并没有因此忽视学习的实用价值。在初级阶段，耶鲁培养学生为社会服务的实际能力；在深入阶段，耶鲁会确保学生要学会在纷繁复杂的社会面前应付自如；但在最重要的关键阶段，耶鲁还是要教育学生热爱学习并树立正确的道德观和价值观。

1915年，哈德利校长针对耶鲁的人文科学教育，给文学士提出了一个标准："我们的教育必须有助于学生智力的训练，我们应删除那些单纯的手工或体力的研究。我们的课程应该把学生培养成为一名知识渊博的思想家和出色的公民，然后让他们为社会服务。"

人文精神和实用主义究竟该如何协调发展？针对这一问题，耶鲁给我们做出了很好的榜样。在当今这个环境复杂、变化莫测的世界，耶鲁教会了学生要适应不可预测的未来。耶鲁不仅训练学生求职的本领，还教会学生如何学习；不仅传授给学生知识，还重视将知识转变为力量。

实用主义、功利主义当然可以有，但一定要适度。一味追求实用的功利作风当然不可取，但完全摒弃功利，会让人对价值敬而远之，其教育效果也不好。

其实，人文精神和功利思想并不是对立的，可以和谐存在。例如有些人做一些慈善活动，但同时也博取了一个好名声。这本没什么错，但总是有人会对他的行为颇具微词，认为这种人献爱心不过是为了买名。难道献爱心不是为了博得一个好名声却是为了获得恶名吗？所以，把功利作风和人文精神割裂开来是不对的。

如果你的梦想是成名成家、成为百万富翁，这并不会显得太赤裸、太物质或太功利。因为将价值完全和实用主义割裂开来，价值也无法单独存在。所以，我们不反对功利，我们反对的是一味的实用和极端的功利。

但在现代社会中，人们对人文精神和道德价值强调得还远远不够，而实用和功利主义却常常出现在人们的言行中。如认为学习就是为了升学，升学就是为了找到好工作，而忘记了学习的目的还有享受知识带来的乐趣、丰富自我价值观、形成一定的人文精神等。

这里要强调一点的是，我们要纠正对功利的理解——功利不是一味地自私自利，也可以利己利人。这样的功利我们当然可以有，而且一点也不影响我们对人文精神的坚持与弘扬。

所以，我们的当务之急是，将我们现在的价值取向从功利主义向人文主义倾斜，从利益考量向人文诉求倾斜。要像耶鲁一样，坚持人文精神的道德观，摒弃一味实用的功利作风。只有从功利走向价值，才能实现人生的至高境界。